Goethes Anschauen der Welt

Schriften und Maximen
zur wissenschaftlichen Methode

Zusammengestellt
und mit einem Nachwort von
Ekkehart Krippendorff

Insel Verlag

Erste Auflage 1994

Satz und Druck: Wilhelm Röck, Weinsberg
Printed in Germany

Inhalt

I. Die wissenschaftliche Haltung

Indem man sich zu einem Vortrag über irgend einen Gegenstand anschickt, so ist wohlgetan, zu bedenken, und sodann andern mitzuteilen, wie man auf die Betrachtung dieses Gegenstandes gekommen und unter welchen Umständen man demselben nach und nach mehrere Aufmerksamkeit zu widmen angeregt worden.

*

Die Wissenschaft wird dadurch sehr zurückgehalten, daß man sich abgibt: mit dem was nicht wissenswert, und mit dem was nicht wißbar ist.

*

Jeder Forscher muß sich durchaus ansehen als einer, der zu einer Jury berufen ist. Er hat nur darauf zu achten, inwiefern der Vortrag vollständig sei und durch klare Belege auseinandergesetzt. Er faßt hiernach seine Überzeugung zusammen und gibt seine Stimme, es sei nun, daß seine Meinung mit der des Referenten übereintreffe oder nicht.

*

Der Mensch muß bei dem Glauben verharren, daß das Unbegreifliche begreiflich sei; er würde sonst nicht forschen.

*

Die Wissenschaft hilft uns vor allem, daß sie das Staunen, wozu wir von Natur berufen sind, einigermaßen erleichtere, sodann aber, daß sie dem immer gesteigerten Leben neue Fertigkeiten erwecke, zu Abwendung des Schädlichen und Einleitung des Nutzbaren.

⟨*Auf der Reise*⟩

Die Messe zu Bozen ist stark an Seidenvertrieb, auch Tücher pp werden dahin gebracht und was sonst an Leder pp aus den Gebürgen und der Gegend zusammengebracht wird [...] ich hätte mich gern ein wenig umgesehen und alle die Produkte beleuchtet die sie hierher zusammenschleppen. Doch ist das mein Trost, alles das ist gewiß schon gedruckt. In unseren statistischen Zeiten braucht man sich um diese Dinge wenig zu bekümmern ein andrer hat schon die Sorge übernommen, mir ists nur jetzt um die sinnlichen Eindrücke zu tun, die mir kein Buch und kein Bild geben kann, daß ich wieder Interesse an der Welt nehme und daß ich meinen Beobachtungsgeist versuche, und auch sehe wie weit es mit meinen Wissenschaften und Kenntnissen geht, ob und wie mein Auge licht, rein und hell ist, was ich in der Geschwindigkeit fassen kann und ob die Falten, die sich in mein Gemüt geschlagen und gedruckt haben, wieder auszutilgen sind.

Ich gehe nur immer herum und sehe und übe mein Aug und meinen innern Sinn. Auch bin ich wohl und von glücklichem Humor. Meine Bemerkungen über Menschen, Volk, Staat, Regierung, Natur, Kunst, Gebrauch, Geschichte gehn immer fort und ohne daß ich im mindsten aufgespannt bin hab ich den schönsten Genuß und gute Betrachtung. Du weißt was die Gegenwart der Dinge zu mir spricht und ich bin den ganzen Tag in einem Gespräche mit den Dingen. Ich lebe sehr mäßig.

Ich lebe sehr diät und halte mich ruhig damit die Gegenstände keine erhöhte Seele finden, sondern die Seele erhöhen. Im letzten Falle ist man dem Irrtum weit weniger ausgesetzt als im ersten.

⟨*Stufen wissenschaftlicher Erkenntnis*⟩

I.
Regionen der Erfahrung

Das Unternehmen zu ordnen ist groß und schwer.
Mit Ordnung zu wissen, erfordert genaue Kenntnis der einzelnen Gegenstände.
Aufmerksamkeit auf ihre Charaktere, also Unterschiede und Übereinstimmungen.
Hiezu ist schon weit mehr als der sinnliche Blick und als das Gedächtnis nötig.
Einsicht in das Bezeichnende und Urteil hierüber.

Streben des menschlichen Geists was er behandelt zum Ganzen zu bilden.
Ungeduld des Menschen sich nicht genug vorzubereiten.
Übereilung im Abschließen.
Kann nicht immer getadelt werden.
Erfahrungen der verschiedenen Zeitalter.
Die früheren weniger vollständig.
Niemand, wer eine wissenschaftliche Kenntnis sich zuzueignen denkt, fühlt gleich im Anfange die Notwendigkeit voraus daß er seine Denk- und Vorstellungsart immer werde höher spannen müssen.
Diejenigen, die sich mit den Wissenschaften beschäftigten, fühlten dieses Bedürfnis nur erst nach und nach.
Heutzutage, da so vieles Allgemeine zur Sprache gekommen, kommt der beinah nur handwerksmäßige botanische Gärtner stufenweise bis zu den schwersten Fragen, aber da er von den Standpunkten nichts weiß von wo aus

sie zu beantworten wären so muß er sich entweder mit Worten bezahlen lassen oder kommt in eine Art von staunender Verwirrung.

Man tut also wohl, sich gleich von Anfang auf ernsthafte Fragen und ernste Beantwortungen vorzubereiten.

Wenn man sich hierüber einigermaßen beruhigen will und eine heitere Aussicht verschaffen will, so kann man sich sagen daß niemand eine Frage an die Natur tue die er nicht beantworten könne; denn in der Frage liegt die Antwort, das Gefühl daß sich über einen solchen Punkt etwas denken, etwas ahnden lasse.

Freilich wird nach der verschiednen Weise der Menschen gar verschiedentlich gefragt.

Um uns in diesen verschiedenen Arten einigermaßen zu orientieren, wollen wir sie einteilen in:

Nutzende
Wissende
Anschauende und
Umfassende.

1. Die Nutzenden, Nutzen-Suchenden, -Fordernden sind die ersten die das Feld der Wissenschaft gleichsam umreißen [*in*] das Praktische eingreifen; das Bewußtsein durch Erfahrung gibt ihnen Sicherheit, das Bedürfnis eine gewisse Breite.

2. Die Wißbegierigen bedürfen eines ruhigen uneigennützigen Blickes einer neugierigen Unruhe eines klaren Verstands und stehn immer im Verhältnis mit jenem; sie verarbeiten auch nur im wissenschaftlichen Sinn dasjenige was sie vorfinden.

3. Die Anschauenden verhalten sich schon produktiv, und das Wissen indem es sich selbst steigert fordert ohne es zu bemerken das Anschauen und geht dahin über, und so sehr sich auch die Wissenden vor der Imagination

kreuzigen und segnen, so müssen sie doch ehe sie sich's versehen die produktive Einbildungskraft zu Hülfe rufen.

4. Die Umfassenden, die man in einem stolzern Sinne die Erschaffenden nennen könnte, verhalten sich im höchsten Grade produktiv; indem sie nämlich von Ideen ausgehen sprechen sie die Einheit des Ganzen schon aus, und es ist gewissermaßen nachher die Sache der Natur sich in diese Idee zu fügen.

Gleichnis von Wegen hergenommen.

Beispiel vom Aquädukt, das Phantastische vom Idealen zu unterscheiden.

Beispiel vom dramatischen Dichter.

Hervorbringende Einbildungskraft mit möglicher Realität.

Bei allen wissenschaftlichen Bestreben muß man sich deutlich machen, daß man sich in diesen vier Regionen befinden wird.

Man muß das Bewußtsein sich erhalten, in welcher man sich eben befindet.

Und die Neigung sich in einer so frei und gemütlich als in der andern zu bewegen.

Das Objektive und Subjektive des Vortrags wird also hier voraus bekannt und gesondert, wodurch man hoffen kann, wenigstens einiges Vertrauen zu erregen.

II.
Genetische Behandlung

Es fällt in die Augen daß wir uns bei unsern Vorträgen meist auf den Grenzen der zweiten und dritten Region aufhalten werden; wir werden uns mit Bewußtsein aus einer in die andere bewegen.

Gewöhnlich nehmen die Wissenden instinktartig ihre Zuflucht zu den Anschauenden, ob sie auch gleich oft in theoretischen Fällen sich durch einen falschen teleologischen Weg sich zu den Nutzenden zurückbegeben worunter wir alle Naturforschenden zur Ehre Gottes rechnen.

Ein Punkt, wo die Nähe der beiden Regionen anschaulich gemacht und genutzt werden kann, ist die genetische Behandlung.

Wenn ich eine entstandne Sache vor mir sehe, nach der Entstehung frage und den Gang zurück messe soweit ich ihn verfolgen kann, so werde ich eine Reihe Stufen gewahr die ich zwar nicht nebeneinander sehen kann, sondern mit in der Erinnerung zu einem gewissen idealen Ganzen vergegenwärtigen muß.

Erst bin ich geneigt mir gewisse Stufen zu denken; weil aber die Natur keinen Sprung macht, bin ich zuletzt genötigt mir die Folge einer ununterbrochenen Tätigkeit als ein Ganzes anzuschauen, indem ich das Einzelne aufhebe ohne den Eindruck zu zerstören.

Teilung in gröbere Momente.

Versuch einer feinern.

Versuch noch mehrerer Zwischenpunkte.

Wenn man sich die Resultate dieser Versuche denkt, so sieht man, daß zuletzt die Erfahrung aufhören, das Anschauen eines Werdenden eintreten, und die Idee zuletzt ausgesprochen werden muß.

Beispiel einer Stadt als Menschenwerks.

Beispiel der Metamorphose der Insekten als Naturwerks.

Lehre von den Metamorphose der Pflanzen in ihrer ganzen Bedeutung.

III.
Organische Einheit

Identität der Teile in den verschiedensten Gestalten.
Eintretende wichtige Fragen:
Ob aus dem Samen das Vorhandene entwickelt wird?
Oder ob gegebene Anfänge gesetzmäßig fort- und umgebildet werden.
Atomistische Vorstellungsart hat eine gewisse Nähe zur gemeinen Ansicht.
Zu einer gewissen Sinnesart.
Ist nicht ganz in Naturbetrachtungen zu entbehren.
Aber sie ist hinderlich, wenn man ihr durchaus treu bleiben will.
Gewisse Geister können sich nicht davon losmachen.
Dynamische Vorstellungsart.
Ihre anfängliche Schwierigkeiten.
Ihre Vorteile in der Folge. Mehrere Gegensätze der beiden.
Letztere zu unserm Vortrag einstweilen anzunehmen.
Sie muß sich durch den Gebrauch legitimieren.
Bei Betrachtung der Pflanze wird ein lebendiger Punkt angenommen, der ewig seinesgleichen hervorbringt.
Und zwar tut er es bei den geringsten Pflanzen durch Wiederholung ebendesselbigen.
Ferner bei den vollkommnern durch progressive Ausbildung und Umbildung des Grundorgans in immer vollkommnere und wirksamere Organe, um zuletzt den höchsten Punkt organischer Tätigkeit hervorzubringen: Individuen durch Zeugung und Geburt aus dem organischen Ganzen abzusondern und abzulösen.
Höchste Ansicht organischer Einheit.

Hier dürfen wir also die Analogie als Handhabe, als Hebel, die Natur anzufassen und zu bewegen, gar wohl empfehlen und anrühmen. Man lasse sich nicht irre machen, wenn Analogie manchmal irre führt, wenn sie, als zu weit gesuchter willkürlicher Witz, völlig in Rauch aufgeht. Verwerfen wir ferner nicht ein heiteres, humoristisches Spiel mit den Gegenständen, schickliche und unschickliche Annäherung, ja Verknüpfung des Entferntesten, womit man uns in Erstaunen zu setzen, durch Kontrast auf Kontrast zu überraschen trachtet. Halten wir uns aber zu unserm Zweck an eine reine, methodische Analogie, wodurch Erfahrung erst belebt wird, indem das Abgesonderte und entfernt Scheinende verknüpft, dessen Identität entdeckt und das eigentliche Gesamtleben der Natur auch in der Wissenschaft nach und nach empfunden wird.

*

Jedes Existierende ist ein Analogon alles Existierenden; daher erscheint uns das Dasein immer zu gleicher Zeit gesondert und verknüpft. Folgt man der Analogie zu sehr, so fällt alles identisch zusammen; meidet man sie, so zerstreut sich alles ins Unendliche. In beiden Fällen stagniert die Betrachtung, einmal als überlebendig, das andere Mal als getötet.

*

Nach Analogien denken ist nicht zu schelten; die Analogie hat den Vorteil, daß sie nicht abschließt und eigentlich nichts Letztes will; dagegen die Induktion verderblich ist, die einen vorgesetzten Zweck im Auge trägt und, auf denselben losarbeitend, Falsches und Wahres mit sich fortreißt.

*

An allen Naturwesen, die wir gewahr werden, bemerken wir zuerst, daß sie einen Bezug auf sich selbst haben. Es klingt freilich verwunderlich, wenn man etwas ausspricht, was sich ohnehin versteht; doch nur indem man sich über das Bekannte völlig verständigt, kann man miteinander zum Unbekannten fortschreiten.

⟨Jeder behandelt die Wissenschaft nach seinem Charakter⟩

Man gewöhnt uns von Jugend auf, die Wissenschaften als Objekte anzusehen, die wir uns zueignen, nutzen, beherrschen können.
Ohne diesen Glauben würde niemand etwas lernen wollen.
Und doch behandelt jeder die Wissenschaften nach seinem Charakter.
Der junge Mann verlangt Gewißheit, verlangt didaktischen, dogmatischen Vortrag.
Kommt man tiefer in die Sache, so sieht man, wie eigentlich das Objektive auch in den Wissenschaften waltet, und man prosperiert nicht eher, als bis man anfängt, sich selbst und seinen Charakter kennen zu lernen.
Da nun aber unser Individuum, es sei noch so entschieden, als es wolle, doch von der Zeit abhängt, wohin es gesetzt, von dem Ort, wohin es gestellt ist, so haben diese Zufälligkeiten Einfluß auf das notwendig Gegebene.
Zu diesen Betrachtungen ward ich besonders aufgefordert, da ich aus Neigung und zu praktischen Zwecken mich in das wissenschaftliche Feld begeben, zu gewissen Überzeugungen gelangt, denselben nachgegangen bin, wodurch sich denn endlich eine gewisse Denkweise bei mir bildete und festsetzte, wonach ich die Gegenstände schätzte und beurteilte.

So nahm ich auf, was mir gemäß war, lehnte ab, was mich störte, und da ich öffentlich zu lehren nicht nötig hatte, belehrt' ich mich auf meine eigene Weise, ohne mich nach irgend etwas Gegeben- oder Herkömmlichen zu richten.

Deswegen konnt' ich jede neue Entdeckung freudig aufnehmen und, was ich selbst gewahr ward, ausbilden. Das Vorteilhafte kam mir zu Gute, und das Widerwärtige brauchte ich nicht zu achten.

Nun aber ist in den Wissenschaften ein ewiger Kreislauf; nicht daß die Gegenstände sich änderten, sondern daß bei neuen Erfahrungen jeder Einzelne in den Fall gesetzt wird, sich selbst geltend zu machen, Wissen und Wissenschaften nach seiner eigenen Weise zu behandeln.

Weil nun aber die menschlichen Denkweisen auch in einem gewissen Zirkel eingeschlossen sind, so kommen die Methoden bei der Umkehrung immer wieder auf die alte Seite. Atomistische und dynamische Vorstellungen werden immer wieder wechseln, aber nur *a potiori*; denn keine vertreibt die andere ganz und gar, nicht einmal im Individuum; denn der entschiedenste Dynamiker wird, ehe er sichs versieht, atomistisch werden, und so kann sich auch der Atomiste nicht dergestalt abschließen, daß er nicht hie und da dynamisch werden sollte.

Es ist wie mit der ethischen und ästhetischen Methode, wo eine nur das umgekehrte der andern ist und bei lebendiger Behandlung der Gegenstände bald die eine, bald die andere sich zum Gebrauche darbietet.

Zur Darstellung meines geologischen Ganges werde veranlaßt, daß ich erlebe, wie eine der meinigen ganz entgegengesetzte Denkweise hervortritt, der ich mich nicht fügen kann, keineswegs sie jedoch zu bestreiten gedenke. Alles, was wir aussprechen, sind Glaubensbekenntnisse, und so werde das meinige in diesem Fache begonnen.

⟨*Aus einem Brief*⟩

Um manches Mißverständnis zu vermeiden, sollte ich freilich vor allen Dingen erklären, daß meine Art, die Gegenstände der Natur anzusehen und zu behandeln, von dem Ganzen zu dem Einzelnen, vom Totaleindruck zur Beobachtung der Teile fortschreitet, und daß ich mir dabei recht wohl bewußt bin, wie diese Art der Naturforschung, so gut als die entgegengesetzte, gewissen Eigenheiten, ja wohl gar gewissen Vorurteilen unterworfen sei.

[...]

Gewiß würde man, nach meiner Überzeugung, über Gegenstände des Wissens, ihre Ableitung und Erklärung viel weniger streiten, wenn jeder vor allen Dingen sich selbst kennte und wüßte, zu welcher Partei er gehöre, was für eine Denkweise seiner Natur am angemessensten sei. Wir würden alsdann die Maximen, die uns beherrschen, ganz unbewunden aussprechen und unsere Erfahrungen und Urteile diesem gemäß ruhig mitteilen, ohne uns in irgendeinen Streit einzulassen: denn bei allen Streitigkeiten kommt am Ende doch nichts weiter heraus, als daß sich zwei entgegengesetzte, nicht zu vereinigende Vorstellungsarten recht deutlich aussprechen und jeder auf der seinigen nur desto fester und strenger beharrt. Sollte man also mit meinen geologischen Äußerungen sich nicht durchaus vereinigen können, so wird man den Punkt in Betracht ziehen, von dem ich ausgehe und zu dem ich wieder zurückkehre ...

Ich zeigte ihm die Schwierigkeiten, die bei dieser Erklärungsart noch übrigblieben, und trug ihm meine Hypothese als befriedigend vor, wogegen er mir neue Schwierigkeiten nachzuweisen wußte. Und so standen wir gegeneinander durch ein doppeltes Problem geschieden, durch Klüfte, die keiner zu überschreiten sich getraute, um zu dem andern zu gelangen; ich aber, nachdenklich, glaubte freilich einzusehen, daß es mehr Impuls als Nötigung sei, die uns bestimmt, auf eine oder die andere Seite hinzutreten. Hierdurch mußte bei mir eine milde, gewissermaßen versatile Stimmung entstehen, welche das angenehme Gefühl gibt, uns zwischen zwei entgegengesetzten Meinungen hin und her zu wiegen und vielleicht bei keiner zu verharren. Dadurch verdoppeln wir unsere Persönlichkeit, und in solcher Gemütsverfassung konnte mir nachgemeldete Schrift nicht anders als höchst willkommen sein.

*

Überhaupt sollte man sich in Wissenschaften gewöhnen, wie ein anderer denken zu können; mir als dramatischem Dichter konnte dies nicht schwer werden, für einen Dogmatisten freilich ist es eine harte Aufgabe.

*

In Newyork sind neunzig verschiedene christliche Konfessionen, von welchen jede auf ihre Art Gott den Herrn bekennt, ohne weiter aneinander irre zu werden. In der Naturforschung, ja in jeder Forschung müssen wir es soweit bringen; denn was will das heißen, daß jedermann von Liberalität spricht und den andern hindern will, nach seiner Weise zu denken und sich auszusprechen!

*

Toleranz sollte eigentlich nur eine vorübergehende Gesinnung sein: sie muß zur Anerkennung führen. Dulden heißt beleidigen.

*

Die wahre Liberalität ist Anerkennung.

*

Was die Wissenschaften am meisten retardiert, ist, daß diejenigen, die sich damit beschäftigen, ungleiche Geister sind. Es ist ihnen wohl Ernst; aber sie wissen nicht, was sie mit dem Ernst machen sollen.

*

Vor zwei Dingen kann man sich nicht genug in acht nehmen: beschränkt man sich in seinem Fache, vor Starrsinn, tritt man heraus, vor Unzulänglichkeit.

*

In Wissenschaften, sowie auch sonst, wenn einer sich über das Ganze verbreiten will, bleibt zur Vollständigkeit am Ende nichts übrig, als Wahrheit für Irrtum, Irrtum für Wahrheit geltend zu machen. Er kann nicht alles selbst untersuchen, muß sich an Überlieferung halten, und, wenn er ein Amt haben will, den Meinungen seiner Gönner fröhnen. Mögen sich die sämtlichen akademischen Lehrer hiernach prüfen.

*

Man klagt über wissenschaftliche Akademien, daß sie nicht frisch genug in's Leben eingreifen; das liegt aber nicht an ihnen, sondern an der Art, die Wissenschaft zu behandeln überhaupt.

*

Wissenschaften entfernen sich im ganzen immer vom Leben und kehren nur durch einen Umweg wieder dahin zurück. Denn sie sind eigentlich Kompendien des Lebens; sie bringen die äußeren und inneren Erfahrungen ins allgemeine, in einen Zusammenhang. Das Interesse an ihnen wird im Grunde nur in einer besonderen Welt, in der wissenschaftlichen, erregt; denn daß man auch die übrige Welt dazu beruft und ihr davon Notiz giebt, wie es in der neuern Zeit geschieht, ist ein Mißbrauch und bringt mehr Schaden als Nutzen.

*

Kein größerer Schaden kann der Wissenschaft geschehen als die ewigen Neuerungen im Erklären; denn da jedes Erklären ein Herleiten ist, so zerreißt jede falsche Erklärung den Faden, der durchs Ganze durchgehen soll, und die Methode ist zerstört. Auf diese Weise kann man, indem man sich meiner Farbenlehre bedient, sie freilich zerstückeln.

*

Wer eine Synthese recht prägnant in sich fühlt, der hat eigentlich das Recht zu analysieren, weil er am äußeren Einzelnen sein inneres Ganze prüft und legitimiert.

⟨*Analyse und Synthese*⟩

[...]
Ein Jahrhundert, das sich bloß auf die Analyse verlegt, und sich vor der Synthese gleichsam fürchtet, ist nicht auf dem rechten Wege; denn nur beide zusammen, wie Aus- und Einatmen, machen das Leben der Wissenschaft.
Eine falsche Hypothese ist besser als gar keine; denn daß sie falsch ist, ist gar kein Schade, aber wenn sie sich befestigt, wenn sie allgemein angenommen, zu einer Art von Glaubensbekenntnis wird, woran niemand zweifeln, welches niemand untersuchen darf, dies ist eigentlich das Unheil woran Jahrhunderte leiden.
Die Newtonsche Lehre mochte vorgetragen werden; schon zu seiner Zeit wurden die Mängel derselben ihr entgegengesetzt; aber die übrigen großen Verdienste des Mannes, seine Stellung in der bürgerlichen und gelehrten Welt ließen den Widerspruch nicht aufkommen. Besonders aber haben die Franzosen die größte Schuld an der Verbreitung und Verknöcherung dieser Lehre. Diese sollten also im neunzehnten Jahrhundert, um jenen Fehler wieder gut zu machen, eine frische Analyse jener verwikkelten und erstarrten Hypothese begünstigen.

Die Hauptsache, woran man bei ausschließlicher Anwendung der Analyse nicht zu denken scheint, ist, daß jede Analyse eine Synthese voraussetzt. Ein Sandhaufen läßt sich nicht analysieren; bestünd er aber aus verschiedenen Teilen, man setze Sand und Gold, so ist das Waschen eine Analyse, wo das Leichte weggeschwemmt und das Schwere zurückgehalten wird.
So beruht die neuere Chemie hauptsächlich darauf, das

zu trennen was die Natur vereinigt hatte; wir heben die Synthese der Natur auf, um sie in getrennten Elementen kennen zu lernen.
Was ist eine höhere Synthese als ein lebendiges Wesen; und was haben wir uns mit Anatomie, Physiologie und Psychologie zu quälen, als um uns von dem Komplex nur einigermaßen einen Begriff zu machen, welcher sich immer fort herstellt, wir mögen ihn in noch so viele Teile zerfleischt haben.

Eine große Gefahr, in welche der Analytiker gerät, ist deshalb die: *wenn er seine Methode da anwendet, wo keine Synthese zu Grunde liegt.* Dann ist seine Arbeit ganz eigentlich ein Bemühen der Danaiden; und wir sehen hievon die traurigsten Beispiele. Denn im Grunde treibt er doch eigentlich sein Geschäft, um zuletzt wieder zur Synthese zu gelangen. Liegt aber bei dem Gegenstand den er behandelt keine zum Grunde, so bemüht er sich vergebens sie zu entdecken. Alle Beobachtungen werden ihm immer nur hinderlich, jemehr sich ihre Zahl vermehrt.
Vor allem also sollte der Analytiker untersuchen oder vielmehr sein Augenmerk dahin richten, ob er denn wirklich mit einer geheimnisvollen Synthese zu tun habe, oder ob das womit er sich beschäftigt nur eine Aggregation sei, ein Nebeneinander, ein Miteinander, oder wie das alles modifiziert werden könnte. Einen Argwohn dieser Art geben diejenigen Kapitel des Wissens mit denen es nicht vorwärts will. In diesem Sinne könnte man über Geologie und Meteorologie gar fruchtbare Betrachtungen anstellen.

Über die Notwendigkeit von Hypothesen

Damit eine Wissenschaft aus der Stelle rucke, die Erweiterungen vollkommener werden, sind Hypothesen so gut als Erfahrungen und Beobachtungen nötig. Was der Beobachter treu und sorgfältig gesammlet hat, was ein Vergleich in dem Geist allenfalls geordnet hat, vereiniget der Philosoph unter einen Gesichtspunkt, verbindet es zu einem Ganzen und macht es dadurch übersehbar und genießbar. Sei auch eine solche Theorie, eine solche Hypothese nur eine Dichtung, so gewährt sie schon Nutzen genug, sie lehrt uns einzelne Dinge in Verbindung, entfernte Dinge in einer Nachbarschaft zu sehen, und es werden die Lücken einer Erkenntnis nicht ehr sichtbar als eben dadurch. Es finden sich gewisse Verhältnisse, die sich aus ihnen nicht erklären lassen. Eben dadurch wird man aufmerksam gemacht, gehet diesen Punkten nach, die eben deswegen die interessantesten sind, eben weil sie auf ganz neue Seiten führen, und was mehr ist als alles ist: eine Hypothese erhebt die Seele und gibt ihr die Elastizität wieder, welche ihr einzelne zerstückte Erfahrungen gleichsam rauben. Sie sind in der Naturlehre, was in der Moral der Glaube an einen Gott, in allem die Unsterblichkeit der Seele ist. Diese erhabenen Empfindungen verbinden in sich alles, was übrigens gut in dem Menschen ist, heben ihn über sich selbst weg und führen ihn weiter, als er ohne sie gekommen wär.

Man hat also Unrecht, sich über die Menge der Theorien und Hypothesen zu beklagen; es ist vielmehr besser, je mehr ihrer gedacht werden. Es sind Stufen, auf denen man das Publikum nur kurze Zeit muß ruhen lassen, um es alsdenn immer höher und weiter hinauf zu führen. In diesem Sinne halte ich es gar nicht für überflüssig, noch eine Theorie von der Entstehung der Erde zu wagen, die zwar an sich nicht neu ist, wohl aber manches in eine neue Verbindung stellt, und ich bin überzeugt, daß man die ganze Lehre, wie ich sie vorstelle, in vielen Schriftstellern zerstreut antreffen werde, und ich wünschte, daß irgend ein junger Mann, der sich auf die Studien dieser Wissenschaft legte, bei seiner Lektüre acht haben und durch Zitata einem jeglichen das Seinige wiedergeben wollte.

Noch führe ich eine Stelle an, in welcher einer unserer ersten Naturkündiger sehr übereinstimmend von demjenigen, was ich oben angeführt habe, denkt und spricht. Ich habe bei der Theorie der Elektrizität der Lehre von zwei Materien einen Vorzug verstattet, nicht um Partei zu nehmen, sondern bloß in der philosophischen Absicht, den Leser auf die Theorie aufmerksam zu machen. Ich wünsche sehr hierbei nicht mißverstanden zu werden. Ich sehe solche Hypothesen in der Physik für nichts weiter an als bequeme Bilder, sich die Vorstellung des Ganzen zu erleichtern. Die Vorstellungsart, die die größte Erleichterung gewährt, ist die beste, so weit sie auch von der Wahrheit selbst, der wir uns dadurch zu nähern suchen, entfernt sein mag. Kenner werden nunmehr entscheiden, ob die meinige solche Vorzüge verbindet.

Hypothesen sind Wiegenlieder, womit der Lehrer seine Schüler einlullt; der denkende treue Beobachter lernt immer mehr seine Beschränkung kennen, er sieht: je weiter sich das Wissen ausbreitet, desto mehr Probleme kommen zum Vorschein.

*

Ist es doch eine höchst wunderliche Forderung, die wohl manchmal gemacht, aber auch von denen, die sie machen, nicht erfüllt wird: Erfahrungen solle man ohne irgend ein theoretisches Band vortragen und dem Leser, dem Schüler überlassen, sich selbst nach Belieben irgend eine Überzeugung zu bilden. Denn das bloße Anblicken einer Sache kann uns nicht fördern. Jedes Ansehen geht über in ein Betrachten, jedes Betrachten in ein Sinnen, jedes Sinnen in ein Verknüpfen, und so kann man sagen, daß wir schon bei jedem aufmerksamen Blick in die Welt theoretisieren. Dieses aber mit Bewußtsein, mit Selbstkenntnis, mit Freiheit und, um uns eines gewagten Wortes zu bedienen, mit Ironie zu thun und vorzunehmen, eine solche Gewandtheit ist nötig, wenn die Abstraktion, vor der wir uns fürchten, unschädlich und das Erfahrungsresultat, das wir hoffen, recht lebendig und nützlich werden soll.

*

Wenn man die Probleme des Aristoteles ansieht, so erstaunt man über dessen Gabe des Bemerkens und für was alles die Griechen Augen gehabt haben. Nur begehen sie den Fehler der Übereilung, da sie von dem Phänomen unmittelbar zur Erklärung schreiten, wodurch denn ganz unzulängliche theoretische Aussprüche zum Vorschein kommen. Dies ist jedoch der allgemeine Fehler, der noch heutzutage begangen wird.

⟨*Ungeduld und System*⟩

Das Genie, das vorzüglich berufen ist, auf jede Weise große Wirkung hervorzubringen, hat seiner Natur nach den Trieb, über die Gegenstände zu gebieten, sie sich zuzueignen, sie seiner Art zu denken und zu sein, zu unterwerfen. Viel schwerer und leider oft nur zu spät entschließt es sich, auch den Gegenständen ihre Würde einzuräumen, und wenn es durch seine produktive Kraft eine kleine Welt aus sich hervorzubringen vermag, so tut es der großen Welt meist unrecht, indem es lieber wenige Erfahrungen in einen Zusammenhang dichtet, der ihm angemessen ist, als daß es bescheiden viele Erfahrungen nebeneinanderstellen sollte, um womöglich ihren natürlichen Zusammenhang endlich zu entdecken. So ungeduldig es sich nun bei der Beobachtung zeigt, so fest finden wir es, auf einer einmal gefaßten Idee zu beharren und so tätig sie auszubilden. Sehr leicht findet es Gründe, die Blößen seines Systems zu decken und zeigt einen neuen Zweig seiner Fähigkeiten, indem es dasjenige hartnäckig verteidigt, was es niemals bei sich hätte begründen sollen. Prägt sich nun gar eine solche Vorstellungsart, eine solche Ideenreihe in die Köpfe leicht eingenommener gleichzeitiger Jünglinge, so geht ein halbes, ja ein ganzes Jahrhundert darüber hin, bis ein Irrtum entdeckt, und wenn er entdeckt ist, bis er endlich wirklich anerkannt und ausgestoßen wird.

[...] es ist so bequem für das, was man nicht begreift, wenigstens Formeln zu haben, und durch sie geschützt, alle mühsame Erfahrung, alle beschwerliche Übersicht, alle sorgfältige Zusammenstellung für überflüssig zu erklären, und so bleibt dem Beobachter, der, auf dem freien

Wege der Natur, die unendlichen Phänomene verfolgt, welche die Schule schon in ihren engen Kreis gebannt zu haben glaubt, nichts übrig, als entweder einsam und in sich verschlossen seinen Weg fortzugehen, oder bei einem öffentlichen Bekenntnis sich auf die heftigen Anfälle einer ganzen Partei vorzubereiten.

⟨*Theorien sind gewöhnlich Übereilungen*⟩

Wenn ein Wissen reif ist, Wissenschaft zu werden, so muß notwendig eine Krise entstehen; denn es wird die Differenz offenbar zwischen denen, die das Einzelne trennen und getrennt darstellen, und solchen, die das Allgemeine im Auge haben und gern das Besondere an- und einfügen möchten. Wie nun aber die wissenschaftliche, ideelle, umgreifendere Behandlung sich mehr und mehr Freunde, Gönner und Mitarbeiter wirbt, so bleibt auf der höheren Stufe jene Trennung zwar nicht so entschieden, aber doch genugsam merklich.
Diejenigen, welche ich die Universalisten nennen möchte, sind überzeugt und stellen sich vor: daß alles überall, obgleich mit unendlichen Abweichungen und Mannigfaltigkeiten, vorhanden und vielleicht auch zu finden sei; die andern, die ich Singularisten benennen will, gestehen den Hauptpunkt im allgemeinen zu, ja sie beobachten, bestimmen und lehren hiernach; aber immer wollen sie Ausnahmen finden da, wo der ganze Typus nicht ausgesprochen ist, und darin haben sie recht. Ihr Fehler aber ist nur, daß sie die Grundgestalt verkennen, wo sie sich verhüllt, und leugnen, wenn sie sich verbirgt. Da nun beide Vorstellungsweisen ursprünglich sind und sich einander ewig gegenüberstehen werden, ohne sich zu vereinigen oder aufzuheben, so hüte man ja sich vor aller Kontroverse und stelle seine Überzeugung klar und nackt hin.

So wiederhole ich die meinige: daß man auf diesen höheren Stufen nicht wissen kann, sondern tun muß; so wie an einem Spiele wenig zu wissen und alles zu leisten ist. Die

Natur hat uns das Schachbrett gegeben, aus dem wir nicht hinaus wirken können noch wollen, sie hat uns die Steine geschnitzt, deren Wert, Bewegung und Vermögen nach und nach bekannt werden: nun ist es an uns, Züge zu tun, von denen wir uns Gewinn versprechen; dies versucht nun ein jeder auf seine Weise und läßt sich nicht gern einreden. Mag das also geschehen, und beobachten wir nur vor allem genau, wie nah oder fern ein jeder von uns stehe, und vertragen uns sodann vorzüglich mit denjenigen, die sich zu der Seite bekennen, zu der wir uns halten. Ferner bedenke man, daß man immer mit einem unauflöslichen Problem zu tun habe, und erweise sich frisch und treu, alles zu beachten, was irgend auf eine Art zur Sprache kommt, am meisten dasjenige, was uns widerstrebt; denn dadurch wird man am ersten das Problematische gewahr, welches zwar in den Gegenständen selbst, mehr aber noch in den Menschen liegt. Ich bin nicht gewiß, ob ich in diesem so wohl bearbeiteten Felde persönlich weiter wirke, doch behalte ich mir vor, auf diese oder jene Wendung des Studiums, auf diese oder jene Schritte der Einzelnen aufmerksam zu sein und aufmerksam zu machen.

Allein kann der Mensch nicht wohl bestehen, daher schlägt er sich gern zu einer Partei, weil er da, wenn auch nicht Ruhe, doch Beruhigung und Sicherheit findet.

Es gibt wohl zu diesem oder jenem Geschäft von Natur unzulängliche Menschen; Übereilung und Dünkel jedoch sind gefährliche Dämonen, die den Fähigsten unzulänglich machen, alle Wirkung zum Stocken bringen, freie Fortschritte lähmen. Dies gilt von weltlichen Dingen, besonders auch von Wissenschaften.

Im Reich der Natur waltet Bewegung und Tat, im Reiche der Freiheit Anlage und Willen. Bewegung ist ewig und tritt bei jeder günstigen Bedingung unwiderstehlich in die Erscheinung. Anlagen entwickeln sich zwar auch naturgemäß, müssen aber erst durch den Willen geübt und nach und nach gesteigert werden. Deswegen ist man des freiwilligen Willens so gewiß nicht als der selbständigen Tat: diese tut sich selbst, er aber wird getan; denn er muß, um vollkommen zu werden und zu wirken, sich im Sittlichen dem Gewissen, das nicht irrt, im Kunstreiche aber der Regel fügen, die nirgends ausgesprochen ist. Das Gewissen bedarf keines Ahnherrn, mit ihm ist alles gegeben; es hat nur mit der innern eigenen Welt zu tun. Das Genie bedürfte auch keine Regel, wäre sich selbst genug, gäbe sich selbst die Regel; da es aber nach außen wirkt, so ist es vielfach bedingt durch Stoff und Zeit, und an beiden muß es notwendig irre werden; deswegen es mit allem, was eine Kunst ist, mit dem Regiment wie mit Gedicht, Statue und Gemälde, durchaus so wunderlich und unsicher aussieht.

Es ist eine schlimme Sache, die doch manchem Beobachter begegnet, mit einer Anschauung sogleich eine Folgerung zu verknüpfen und beide für gleichgeltend zu achten.

Die Geschichte der Wissenschaften zeigt uns bei allem, was für dieselben geschieht, gewisse Epochen, die bald schneller, bald langsamer aufeinander folgen. Eine bedeutende Ansicht, neu oder erneut, wird ausgesprochen; sie wird anerkannt, früher oder später; es finden sich Mitarbeiter; das Resultat geht in die Schüler über; es wird gelehrt und fortgepflanzt, und wir bemerken leider, daß es gar nicht darauf ankommt, ob die Ansicht wahr oder falsch sei: beides macht denselben Gang, beides wird zuletzt eine Phrase, beides prägt sich als totes Wort dem Gedächtnis ein.

Zur Verewigung des Irrtums tragen die Werke besonders bei, die enzyklopädisch das Wahre und Falsche des Tages überliefern. Hier kann die Wissenschaft nicht bearbeitet werden, sondern was man weiß, glaubt, wähnt, wird aufgenommen; deswegen sehen solche Werke nach fünfzig Jahren gar wunderlich aus.

Zuerst belehre man sich selbst, dann wird man Belehrung von andern empfangen.

Theorien sind gewöhnlich Übereilungen eines ungeduldigen Verstandes, der die Phänomene gern los sein möchte und an ihrer Stelle deswegen Bilder, Begriffe, ja oft nur Worte einschiebt. Man ahnet, man sieht auch wohl, daß es nur ein Behelf ist; liebt sich nicht aber Leidenschaft und Parteigeist jederzeit Behelfe? Und mit Recht, da sie ihrer so sehr bedürfen.

Unsere Zustände schreiben wir bald Gott, bald dem Teufel zu und fehlen ein wie das anderemal: in uns selbst liegt das Rätsel, die wir Ausgeburt zweier Welten sind. Mit der Farbe geht's ebenso: bald sucht man sie im Lichte, bald draußen im Weltall, und kann sie gerade da nicht finden, wo sie zu Hause ist.

[...]

Was aber das Allersonderbarste ist: der Mensch, wenn er auch den Grund des Irrtums aufdeckt, wird den Irrtum selbst deshalb doch nicht los. Mehrere Engländer, besonders Dr. Reade, sprechen gegen Newton leidenschaftlich aus: das prismatische Bild sei keineswegs das Sonnenbild, sondern das Bild der Öffnung unseres Fensterladens, mit Farbensäumen geschmückt; im prismatischen Bilde gebe es kein ursprünglich Grün, dieses entstehe durch das Übereinandergreifen des Blauen und Gelben, so daß ein schwarzer Streif ebensogut als ein weißer in Farben aufgelöst scheinen könne, wenn man hier von Auflösen reden wolle. Genug, alles, was wir seit vielen Jahren dargetan haben, legt dieser gute Beobachter gleichfalls vor. Nun aber läßt ihn die fixe Idee einer diversen Refrangibilität nicht los, doch kehrt er sie um und ist wo möglich noch befangener als sein großer Meister. Anstatt, durch diese neue Ansicht begeistert, aus jenem Chrysalidenzustande sich herauszureißen, sucht er die schon erwachsenen und entfalteten Glieder aufs neue in die alten Puppenschalen unterzubringen.

Das unmittelbare Gewahrwerden der Urphänomene versetzt uns in eine Art von Angst: wir fühlen unsere Unzulänglichkeit; nur durch das ewige Spiel der Empirie belebt, erfreuen sie uns.

Der Magnet ist ein Urphänomen, das man nur aussprechen darf, um es erklärt zu haben; dadurch wird es denn auch ein Symbol für alles übrige, wofür wir keine Worte noch Namen zu suchen brauchen.

Alles Lebendige bildet eine Atmosphäre um sich her.

Die außerordentlichen Männer des sechzehnten und siebzehnten Jahrhunderts waren selbst Akademien, wie Humboldt zu unserer Zeit. Als nun das Wissen so ungeheuer überhand nahm, taten sich Privatleute zusammen, um, was den Einzelnen unmöglich wird, vereinigt zu lei-

sten. Von Ministern, Fürsten und Königen hielten sie sich fern. Wie suchte nicht das französische stille Konventikel die Herrschaft Richelieus abzulehnen! Wie verhinderte der englische Oxforder und Londoner Verein den Einfluß der Lieblinge Karls des Zweiten!
Da es aber einmal geschehen war und die Wissenschaften sich als ein Staatsglied im Staatskörper fühlten, einen Rang bei Prozessionen und andern Feierlichkeiten erhielten, war bald der höhere Zweck aus den Augen verloren; man stellte seine Person vor, und die Wissenschaften hatten auch Mäntelchen um und Käppchen auf. In meiner Geschichte der Farbenlehre habe ich dergleichen weitläufig angeführt. Was aber geschrieben steht, es steht deswegen da, damit es immerfort erfüllt werde.

Die Natur auffassen und sie unmittelbar benutzen ist wenig Menschen gegeben; zwischen Erkenntnis und Gebrauch erfinden sie sich gern ein Luftgespinst, das sie sorgfältig ausbilden und darüber den Gegenstand zugleich mit der Benutzung vergessen.

Ebenso begreift man nicht leicht, daß in der großen Natur das geschieht, was auch im kleinsten Zirkel vorgeht. Dringt es ihnen die Erfahrung auf, so lassen sie sich's zuletzt gefallen. Spreu, von geriebenem Bernstein angezogen, steht mit dem ungeheuersten Donnerwetter in Verwandtschaft, ja ist eine und eben dieselbe Erscheinung. Dieses Mikromegische gestehen wir auch in einigen andern Fällen zu, bald aber verläßt uns der reine Naturgeist, und der Dämon der Künstelei bemächtigt sich unser und weiß sich überall geltend zu machen.

Die Natur hat sich soviel Freiheit vorbehalten, daß wir mit Wissen und Wissenschaft ihr nicht durchgängig beikommen oder sie in die Enge treiben können.

Mit den Irrtümern der Zeit ist schwer sich abzufinden: widerstrebt man ihnen, so steht man allein; läßt man sich davon befangen, so hat man auch weder Ehre noch Freude davon.

⟨*Wissenschaft als Lernprozeß*⟩

Interesse und Glück der Mitteilung
Im gewöhnlichen Leben
Auch Dichter bildende Künstler, Gemeinsames im hohen Grade.
Dankbarkeit aus meiner Jugend.
Philosophen, Mathematiker, Naturforscher werden nicht so belohnt.
Unzufriedenheit meiner Freunde da ich mich der Naturbetrachtung widmete
Unwiderstehlicher Trieb
Subjektiv Jugendpoesie
Man wird und muß objektiver werden
Entschuldigung nicht angenommen und noch fortdaurende Vorwürfe
Wunsch mich zu rechtfertigen
Versuch mich mitzuteilen
Schwierigkeit in der Sache in der Art wie man die Dinge ansieht. Eigentümlichkeit.

Anblick der Natur
Einheit des Begriffs, Gefühls, der Anschauung
Mannigfaltigkeit der Wissenschaft
Schwierigkeit sie zu vereinigen

Schwärmerei begnügt sich mit dem Subjektiven und was Relation hat
Erkenntnis war nicht leicht zum Genuß oder nur für die am weitsten sind.
Allerlei Versuche sie zu vereinigen
Nutzen, gemeinster

Zweckmäßigkeit etwas höher dem Wesen
Erhebung der Seele bis zu einem Urheber
Alles Versuche die ihren Wert haben und auf eine oder die andere Weise dem Menschen frommen und ihn mehr oder weniger bestricken
Nicht ausgeschlossen andere Versuche; werden nun fortgesetzt. So das Vagieren in Systemen
die Anwendung der bekannten Kräfte auf unbekannte pp.
Alles Versuche sich dem Unbegreiflichen zu nähern

Die Art die Naturprodukte in sich selbst zu betrachten, ohne Beziehung auf Nutzen oder Zweckmäßigkeit, ohne Verhältnis zu ihrem ersten Urheber, bloß als lebendiges Ganze das eben weil es lebendig ist schon Ursache und Wirkung in sich schließt; an das wir also hintreten und von ihm selbst Rechenschaft fordern können, dem wir zutrauen können daß es uns Auskunft über die Art seines Daseins geben werde.
Gleichnis eines freien Menschen der keinem Vater keinem Herrn keiner Not gehorcht. Wir sehen ihn handeln und begreifen nicht recht warum er das so und so macht, wir treten zu ihm und fragen warum bist du so. Er würde uns angeben sein Inneres und seine Umstände und daraus würden wir sehen daß er notwendig so handle. Wir formen [?] dieses Thema [?] ohne zu fragen wer war dein Vater [?] woher hast du dein [*unleserlich*] wir schränken uns bloß auf das ein was er jetzt ist, obgleich jene Frage unter andren Verhältnissen auch wohl zulässig wäre.

Wenn der Naturforscher sein Recht einer freien Beschauung und Betrachtung behaupten will, so mache er sich zur Pflicht, die Rechte der Natur zu sichern; nur da, wo sie frei ist, wird er frei sein, da, wo man sie mit Menschensatzungen bindet, wird auch er gefesselt werden. Eines der größten Rechte und Befugnisse der Natur ist, dieselben Zwecke durch verschiedene Mittel erreichen zu können, dieselben Erscheinungen durch mancherlei Bezüge zu veranlassen.

*

Es gibt eine zarte Empirie, die sich mit dem Gegenstand innigst identisch macht und dadurch zur eigentlichen Theorie wird. Diese Steigerung des geistigen Vermögens aber gehört einer hochgebildeten Zeit an.

*

Der Mensch, wo er bedeutend auftritt, verhält sich gesetzgebend, vorerst im Sittlichen durch Anerkennung der Pflicht, ferner im Religiosen, sich zu einer besondern *innern* Überzeugung von Gott und göttlichen Dingen bekennend, sodann auf derselben analoge bestimmte *äußere* Zeremonien beschränkend. Im Regiment, es sei friedlich oder kriegerisch, geschieht das Gleiche: Handlung und Tat sind nur von Bedeutung, wenn er sie sich selbst und andern vorschrieb; in Künsten ist es daselbe, wie der Menschengeist sich die Musik unterwarf sagt Vorstehendes, wie er auf die bildende Kunst in den höchsten Epochen durch die größten Talente wirkend, seinen Einfluß betätigte, ist zu unserer Zeit ein offenbares Geheimnis. In der Wissenschaft deuten die unzähligen Versuche zu systematisieren, zu schematisieren dahin. Unsere ganze Aufmerksamkeit muß aber darauf gerichtet sein, der Natur ihr Verfahren abzulauschen, damit wir sie durch zwängende Vorschrift nicht widerspenstig machen, aber uns dagegen auch durch ihre Willkür nicht vom Zweck entfernen lassen.

II. Wissenschaft als Geschichte

Äußerten wir oben, daß die Geschichte des Menschen den Menschen darstelle, so läßt sich hier auch wohl behaupten, daß die Geschichte der Wissenschaft die Wissenschaft selbst sei. Man kann dasjenige, was man besitzt, nicht rein erkennen, bis man das, was andere vor uns besessen, zu erkennen weiß. Man wird sich an den Vorzügen seiner Zeit nicht wahrhaft und redlich freuen, wenn man die Vorzüge der Vergangenheit nicht zu würdigen versteht.

*

Die Geschichte der Wissenschaften ist eine große Fuge, in der die Stimmen der Völker nach und nach zum Vorschein kommen.

*

Die gegenwärtige Welt ist nicht wert, daß wir etwas für sie tun; denn die bestehende kann in dem Augenblick abscheiden. Für die vergangene und künftige müssen wir arbeiten: für jene, daß wir ihr Verdienst anerkennen, für diese, daß wir ihren Wert zu erhöhen suchen.

Vier Epochen der Wissenschaften:

kindliche,
poetische, abergläubische;

empirische,
forschende, neugierige;

dogmatische,
didaktische, pedantische;

ideelle,
methodische, mystische.

Die erste Behandlung der Phänomene der allgemeinen Natur ist poetisch. Die Phantasie verwandelt sie in Bilder. Die darauf folgende Beobachtung führt zum Praktischen, wie hier zum Färben, indem der Mensch mit wenigen körperlichen Dingen umgehn konnte, ohne ihre färbenden Eigenschaften gewahr zu werden; oder zum Theoretisieren, da man denn die Phänomene, indem sie sich vermehren, auch zu ordnen sucht, sie unter gewisse allgemeine Formeln subsummiert, oder sie einzeln zu erklären unternimmt und nach Ursachen zu fragen anfängt. Am seltensten wird der Mensch und zwar nur in seinen glücklichsten Zeiten darauf geführt, die Phänomene in ihren ersten einfachsten Anfängen gewahr zu werden, sie in ihrer fruchtbaren Simplizität deutlich auszusprechen, alles Komplizierte zu diesen Ursprüngen zurückzuführen und sich zu überzeugen, daß er an die Grenze des Wissens gelangt sei und daß, wenn jemals eine Wissenschaft aufgebaut werden soll, sie auf solchen großen einfachen Fundamenten ruhen müsse.

Daß die Natur, die uns zu schaffen macht, gar keine Natur mehr ist, sondern ein ganzes anderes Wesen als dasjenige, womit sich die Griechen beschäftigten.

Wie Sokrates den sittlichen Menschen zu sich berief, damit dieser ganz einfach einigermaßen über sich selbst aufgeklärt würde, so traten Plato und Aristoteles gleichfalls als befugte Individuen vor die Natur: der eine mit Geist und Gemüt, sich ihr anzueignen, der andere mit Forscherblick und Methode, sie für sich zu gewinnen. Und so ist denn auch jede Annäherung, die sich uns im ganzen und einzelnen an diese Dreie möglich macht, das Ereignis, das wir am freudigsten empfinden und das unsere Bildung zu befördern sich jederzeit kräftig erweist.

Um sich aus der grenzenlosen Vielfachheit, Zerstückelung und Verwicklung der modernen Naturlehre wieder ins Einfache zu retten, muß man sich immer die Frage vorlegen: wie würde sich Plato gegen die Natur, wie sie uns jetzt in ihrer größern Mannigfaltigkeit, bei aller gründlichen Einheit, erscheinen mag, benommen haben?

Denn wir glauben überzeugt zu sein, daß wir auf demselben Wege bis zu den letzten Verzweigungen der Erkenntnis organisch gelangen und von diesem Grund aus die Gipfel eines jeden Wissens uns nach und nach aufbauen und befestigen können. Wie uns hiebei die Tätigkeit des Zeitalters fördert und hindert, ist freilich eine Untersuchung, die wir jeden Tag anstellen müssen, wenn wir nicht das Nützliche abweisen und das Schädliche aufnehmen wollen.

Wenn man die Probleme des Aristoteles ansieht, so erstaunt man über die Gabe des Bemerkens und für was alles die Griechen Augen gehabt haben. Nur begehen sie den Fehler der Übereilung, da sie von dem Phänomen unmittelbar zur Erklärung schreiten, wodurch denn ganz unzulängliche theoretische Aussprüche zum Vorschein kommen. Dieses ist jedoch der allgemeine Fehler, der noch heutzutage begangen wird.

Die Griechen nannten *Entelecheia* ein Wesen, das immer in Funktion ist.
Die Griechen, wenn sie beschrieben oder erzählten, sprachen weder von Ursache noch von Resultat, sondern trugen die äußere Erscheinung vor.
Auch in der Naturwissenschaft machten sie keine Versuche wie wir, sondern hielten sich an die einzelnen Erfahrungsfälle.

In den Wissenschaften ist es höchst verdienstlich, das unzulängliche Wahre, was die Alten schon besessen, aufzusuchen und weiterzuführen.

[*Zwischenzeit*]

		Anarchische Despotische } Epochen Tyrannische
Orient Okzident	{ Streit der griechischen und lateinischen Kirche	Verworrne violente Epoche. Niemand hat Zeit, sich aus sich selbst rein hervorzubilden.

Bezug aufs Göttliche
Insofern es durch die Sinne aufs Gefühl wirkt
Künste
Insofern es durch die Sinne auf Kenntnis wirkt
Wissenschaften.
Indem sie sich auf ihren Ursprung beziehen, behalten sie einen Bezug auf sich selbst.
Hereinziehen ins Leben.
Gefordert durch unmittelbare Bedürfnisse.
Erleichtert durch vermehrten Stoff und gewandtere Technik.
kriegrische Zeiten fordern die Technik zu Kraftäußerung
friedliche zu Behagen. Komforts. Luxus.
(akademischer Fall Wissensch. zu augenblicklicher Überlieferung)

Bei den Römern.

zu oratorischen Zwecken.

(Griechen. Wie lange wehrt sich die Plastik, bis sie zu ikonischen Statuen herabsteigt.)

Alle Kultur wird gewaltsam fürs Leben gefordert.
Vorzügliche Menschen stehen gegen die Masse.
Sie entziehen sich.
Klosterleute
Sie suchen die Masse zu balancieren.
Staatsleute
Ärzte.

Überlieferung eifrig gesucht
Praktischer Teil
unmittelbar gegen das Leben gewendet.

Theoretischer Teil
gegen innen, oder in einem höheren Sinne gegen das Leben gewendet.

Prakt. Teil nach außen
Großer Wert der Technik zu Erhaltung einer Spur von Künsten und Wissenschaften, in verworrenen Zeiten.
Ph. S. Arznei notwendig gefordert
Beobachtung notwendig
Mathematische S. Mathematische Studien erst zu Roger Bacos Zeiten vernachlässigt.

	Astronomie. Musik. (Kirchenmusik.) führt eine höhere Kultur durch
Aristoteles zu brauchen gegen das Leben.	übriger Gottesdienst.
Staatsschriften Wer lehren, disputieren, recht behalten, seine Meinung durchsetzen will, wendet sich zu ihm.	*Theoretischer Teil* nach innen Vorteile großer überlieferter Massen. Der Bibel, Plato, Aristoteles. Das Verhältnis der Natur zu dem Menschen ist nach seinen verschiedenen Zuständen verschieden. Als das schönste lebendigste Ganze sahen sie die Dichter des Altertums. Sie beachteten nur den höchsten Punkt ihres Lebens, wenn sie sich in dem Menschen und durch ihn in Leidenschaft und Tat offenbart, und so konnte man sich wohl überzeugen: im Homer sei alles enthalten, das Ursprüngliche der Welt und was sich daraus entwickeln mag. Für den leidenschaftlichen Menschen ist die Natur nicht da.
Eigne Erfahrung bloß moralisch politisch.	Wie die Leidenschaft aber in Nachempfindung in ein

Naturforschung kann nur wenig gutiert werden.

Violente Welt Epoche.
Niemand hat Zeit, sich zu sammeln, sich aus sich selbst zu bilden.
Vorteile der Überlieferung

Besonders so großer Massen.
Verwirrung der Welt.
Vorzügliche Menschen gegen die Masse:

Sich zurückziehen oder sie balancieren.
Bedürfnisse.
Ärzte.

stilleres Selbstgefühl übergeht, tritt uns die Natur entgegen, und so bildet die Dichtkunst nach und nach bis zu den spätern Zeiten die Gesinnung des Menschen und Naturgegenstände aus, bis endlich jene uranfängliche einzige wahre Poesie fast gänzlich verschwindet. Zu Anfang sind die Philosophen immer eine Art von Poeten, bis endlich die aufgenötigte Beobachtung des einzelnen die Wissenschaft gründet.
Hier sind die Bemühungen der Ärzte von der größten Bedeutung.

Was die Araber, die Asiaten und Europäer in der Zwischenzeit getan, ist mit flüchtigem Fuße zu berühren.
Denn wir haben nicht zu besorgen, daß jene dunkle, dämmernde, bisher wenig beachtete Zeit nicht immer mehr zur Kenntnis gebracht werde. Denn die Neueren mit ihren eigenen Vorzügen im Konflikt beschäftigen sich, vielleicht

mehr als billig, mit jenen Inkunabeln und legen ihnen einen übermäßigen Wert bei. Doch wird auch daraus manches Gute entstehn. Denn ohne Leidenschaft, Parteisinn und Vorurteile leistet der Mensch nicht leicht etwas Tüchtiges.

Indem wir aus dieser Zeit nur einige Individuen hervorrufen, treffen wir auf solche, deren Naturbetrachtung aus einem praktischen Interesse, aus einer beschränkten Neigung, aus einer leidenschaftlichen Behandlung eines einzelnen aber reichhaltigen Gegenstandes entsprungen.

Hier ist aus dem 13. Jahrhundert das Büchlein Kaiser Friedrich des Zweiten über die Falken, mit den Anmerkungen seines Sohns, König Manfred, zu rezensieren.

Auch wäre Albrecht der Große nochmals zu betrachten, besonders inwiefern er den Aristoteles suppliert oder umarbeitet.

Roger Bacon.

Im sechzehnten Jahrhundert gehören die Wissenschaften nicht diesem oder jenem Menschen, sondern der Welt. Diese hat sie, besitzt sie, und der Mensch ergreift nur den Reichtum.

Man datiert von Bacon von Verulam eine Epoche der Erfahrungs-Naturwissenschaften. Ihr Weg ist jedoch durch theoretische Tendenzen oft durchschnitten und ungangbar gemacht worden. Genau besehen kann und soll man von jedem Tag eine neue Epoche datieren.

Wer kann sagen, daß er eine Neigung zur reinen Erfahrung habe? Was Baco dringend empfohlen hatte, glaubte jeder zu tun, und wem gelang es?

Galilei kann die fugam vacui nicht loswerden, Kepler bleibt stehen, Tycho verharrt bei einem absurden Mittelsystem.

Denke man sich den Anfang des siebzehnten Jahrhunderts, wo die Tendenz zu reiner Naturbeobachtung sich in Baco so lebhaft aussprach und sich allem Verallgemeinern ausschließend entgegensetzte. Man sehe, wie Baco selbst, wenn von Pflanzen die Rede ist, sich nur äußerlich und zwar kümmerlich dagegen verhält. Für ihn war es der Sache, dem Sinn gemäß, sich an das zu halten, was man sah, was sich offen zeigte; das Innere, nicht etwa Abstrakte, sondern Urlebendige, durfte man gar nicht berühren; denn sonst wäre man ja gleich wieder ins Mentale, in das von innen heraus Bildende, hypothesierend anthropomorphisch Gescholtene, streng zu Vermeidende geraten.

Die außerordentlichen Männer des sechzehnten und siebzehnten Jahrhunderts waren selbst Akademien, wie Humboldt zu unserer Zeit. Als nun das Wissen so ungeheuer überhandnahm, taten sich Privatleute zusammen, um, was den einzelnen unmöglich wird, vereinigt zu leisten. Von Ministern, Fürsten und Königen hielten sie sich fern. Wie suchte nicht das französische stille Konventikel die Herrschaft Richelieus abzulehnen! Wie verhinderte der englische Oxforder und Londoner Verein den Einfluß der Lieblinge Karls des Zweiten!
Da es aber einmal geschehen war, und die Wissenschaften sich als ein Staatsglied im Staatskörper fühlten, einen Rang bei Prozessionen und andern Feierlichkeiten erhielten, war bald der höhere Zweck aus den Augen verloren: man stellte seine Person vor, und die Wissenschaften hatten auch Mäntelchen um und Käppchen auf. In meiner »Geschichte der Farbenlehre« habe ich dergleichen weitläufig angeführt. Was aber geschrieben steht, es steht deswegen da, damit es immerfort erfüllt werde.

Die Überzeugung, daß alles fertig und vorhanden sein müsse, wenn man ihm die gehörige Aufmerksamkeit schenken solle, hatte das Jahrhundert ganz umnebelt, man mußte sogar die Farben als völlig fertig im Lichte annehmen, wenn man ihnen einige Realität zuschreiben wollte; und so ist diese Denkweise als die natürlichste und bequemste aus dem siebzehnten ins achtzehnte, aus dem achtzehnten ins neunzehnte Jahrhundert übergegangen und wird so fort nach ihrer Weise nützlich wirken und das Bestehende uns klar und deutlich vorführen, indes die ideelle Denkweise das Ewige im Vorübergehenden schauen läßt und wir uns nach und nach dadurch auf den rechten Standpunkt, wo Menschenverstand und Philosophie sich vereinigen, werden erhoben sehen.

Nachdem man in der zweiten Hälfte des siebzehnten Jahrhunderts dem Mikroskop so unendlich viel schuldig geworden war, so suchte man zu Anfang des achtzehnten Jahrhunderts dasselbe geringschätzig zu behandeln.

Nachdem man in der neuern Zeit die meteorologischen Beobachtungen auf den höchsten Grad der Genauigkeit getrieben hatte, so will man sie nunmehr aus den nördlichen Gegenden verbannen und will sie nur dem Beobachter unter den Tropen zugestehen.

Man rühmt das achtzehnte Jahrhundert, daß es sich hauptsächlich mit Analyse abgegeben; dem neunzehnten bleibt nun die Aufgabe, die falschen obwaltenden Synthesen zu entdecken und deren Inhalt aufs neue zu analysieren.

Wenn ich das Aufklären und Erweitern der Naturwissenschaften in der neuesten Zeit betrachte, so komme ich mir vor wie ein Wanderer, der in der Morgendämmerung gegen Osten ging, die heranwachsende Helle mit Freuden, aber ungeduldig anschaute und die Ankunft des entscheidenden Lichtes mit Sehnsucht erwartete, aber doch bei dem Hervortreten desselben die Augen wegwenden mußte, welche den so sehr gewünschten und gehofften Glanz nicht ertragen konnten.

Epochen der Wissenschaften

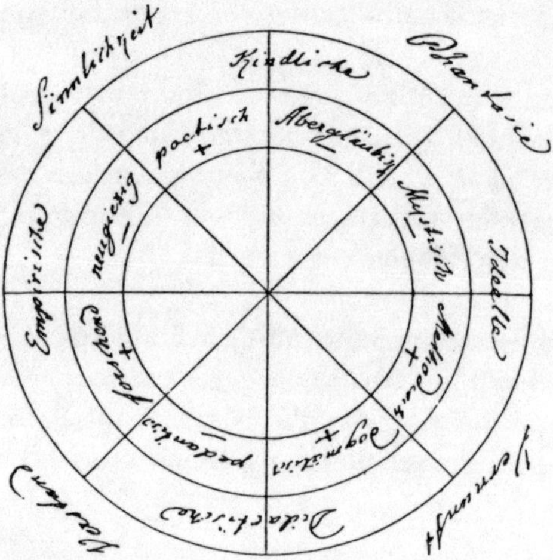

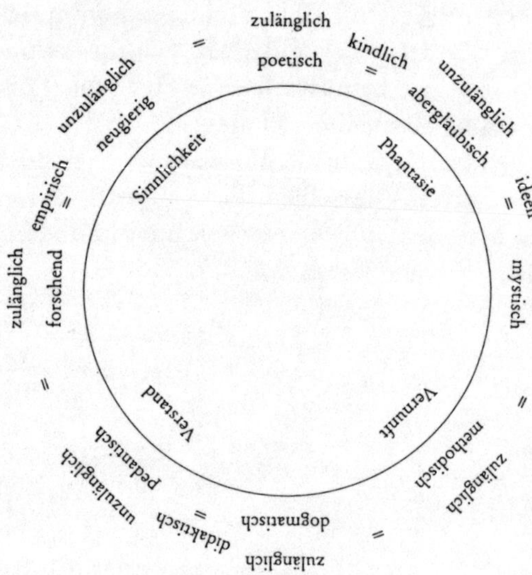

⟨*Geschichte der Wissenschaft*⟩

Was muß zu allen Zeiten den Menschen von Haus aus interessieren?
Wie hat man nach und nach gesucht, sich davon Rechenschaft zu geben oder sich zu beruhigen?

⟨*Geschichte des Wissens*⟩

Was ist dem Menschen nach und nach bekannt geworden?
Wie hat er sich dabei und damit benommen?

⟨*Fortschritt und Rückschritt*⟩

Wird einer strebenden Jugend die Geschichte eher lästig als erfreulich, weil sie gern von sich selbst eine neue, ja wohl gar eine Urwelt-Epoche beginnen möchte; so haben die in Bildung und Alter Fortschreitenden gar oft mit lebhaftem Danke zu erkennen, wie mannigfaltiges Gute, Brauchbare und Hilfreiche ihnen von den Vorfahren hinterlassen worden.

Nichts ist stillstehend. Bei allen scheinbaren Rückschritten müssen Menschheit und Wissenschaft immer vorschreiten, und wenn beide sich zuletzt auch wieder in sich selbst abschließen sollten. Vorzügliche Geister haben sich immer gefunden, die sich mitteilen mochten. Viel Schätzenswertes hievon ist auf uns gekommen, woraus wir uns überzeugen können, daß es unsern Vorfahren an treffenden Ansichten der Natur nie gefehlt habe.

Der Kreis, den die Menschheit auszulaufen hat, ist bestimmt genug, und ungeachtet des großen Stillstandes, den die Barbarei machte, hat sie ihre Laufbahn schon mehr als einmal zurückgelegt. Will man ihr auch eine Spiralbewegung zuschreiben, so kehrt sie doch immer wieder in jene Gegend, wo sie schon einmal durchgegangen. Auf diesem Wege wiederholen sich alle wahren Ansichten und Irrtümer.

*

Der thörigste von allen Irrtümern ist, wenn junge gute Köpfe glauben, ihre Originalität zu verlieren, indem sie das Wahre anerkennen, was von andern schon anerkannt worden.

*

Unwissende werfen Fragen auf, welche von Wissenden vor tausend Jahren schon beantwortet sind.

Lücke

Jene früheren Geographen, welche die Karte von Afrika verfertigten, waren gewohnt, dahin, wo Berge, Flüsse, Städte fehlten, allenfalls einen Elefanten, Löwen oder sonst ein Ungeheuer der Wüste zu zeichnen, ohne daß sie deshalb wären getadelt worden. Man wird uns daher wohl auch nicht verargen, wenn wir in die große Lücke, wo uns die erfreuliche, lebendige, fortschreitende Wissenschaft verläßt, einige Betrachtungen einschieben, auf die wir uns künftig wieder beziehen können.

Die Kultur des Wissens durch inneren Trieb um der Sache selbst willen, das reine Interesse am Gegenstand, sind freilich immer das vorzüglichste und nutzbarste; und doch sind von den frühsten Zeiten an die Einsichten der Menschen in natürliche Dinge durch jenes weniger gefördert worden, als durch ein nahe liegendes Bedürfnis, durch einen Zufall, den die Aufmerksamkeit nutzte, und durch mancherlei Art von Ausbildung zu entschiedenen Zwecken.

Es gibt bedeutende Zeiten, von denen wir wenig wissen, Zustände, deren Wichtigkeit uns nur durch ihre Folgen deutlich wird. Diejenige Zeit, welche der Same unter der Erde zubringt, gehört vorzüglich mit zum Pflanzenleben. Es gibt auffallende Zeiten, von denen uns weniges, aber höchst Merkwürdiges bekannt ist. Hier treten außerordentliche Individuen hervor, es ereignen sich seltsame Begebenheiten. Solche Epochen geben einen entschiedenen Eindruck, sie erregen große Bilder, die uns durch ihr Einfaches anziehen.

Die historischen Zeiten erscheinen uns im vollen Tag. Man sieht vor lauter Licht keinen Schatten, vor lauter Hellung keinen Körper, den Wald nicht vor Bäumen, die Menschheit nicht vor Menschen; aber es sieht aus, als wenn jedermann und allem recht geschähe und so ist jedermann zufrieden.

Die Existenz irgend eines Wesens erscheint uns ja nur, in sofern wir uns desselben bewußt werden. Daher sind wir ungerecht gegen die stillen dunklen Zeiten, in denen der Mensch, unbekannt mit sich selbst, aus innerm starken Antrieb tätig war, trefflich vor sich hin wirkte und kein anderes Dokument seines Daseins zurückließ als eben die Wirkung, welche höher zu schätzen wäre als alle Nachrichten.

Höchst reizend ist für den Geschichtsforscher der Punkt, wo Geschichte und Sage zusammengrenzen. Es ist meistens der schönste der ganzen Überlieferung. Wenn wir uns aus dem bekannten Gewordenen das unbekannte Werden aufzubauen genötigt finden, so erregt es eben die angenehme Empfindung, als wenn wir eine uns bisher unbekannte gebildete Person kennen lernen und die Geschichte ihrer Bildung lieber herausahnden als herausforschen.

Nur müßte man nicht so griesgrämig, wie es würdige Historiker neuerer Zeit getan haben, auf Dichter und Chronikenschreiber herabsehen.

Betrachtet man die einzelne frühere Ausbildung der Zeiten, Gegenden, Ortschaften, so kommen uns aus der dunklen Vergangenheit überall tüchtige und vortreffliche Menschen, tapfere, schöne, gute in herrlicher Gestalt entgegen. Der Lobgesang der Menschheit, dem die Gottheit so gerne zuhören mag, ist niemals verstummt, und wir selbst fühlen ein göttliches Glück, wenn wir die durch

alle Zeiten und Gegenden verteilten harmonischen Ausströmungen, bald in einzelnen Stimmen, in einzelnen Chören, bald fugenweise, bald in einem herrlichen Vollgesang vernehmen.
Freilich müßte man mit reinem frischen Ohre hinlauschen, und jedem Vorurteil selbstsüchtiger Parteilichkeit, mehr vielleicht als dem Menschen möglich ist, entsagen.

Es gibt zwei Momente der Weltgeschichte, die bald auf einander folgen, bald gleichzeitig, teils einzeln und abgesondert, teils höchst verschränkt, sich an Individuen und Völkern zeigen.
Der erste ist derjenige, in welchem sich die Einzelnen neben einander frei ausbilden; dies ist die Epoche des Werdens, des Friedens, des Nährens, der Künste, der Wissenschaften, der Gemütlichkeit, der Vernunft. Hier wirkt alles nach innen, und strebt in den besten Zeiten zu einem glücklichen, häuslichen Auferbauen; doch löst sich dieser Zustand zuletzt in Parteisucht und Anarchie auf.
Die zweite Epoche ist die des Benutzens, des Kriegens, des Verzehrens, der Technik, des Wissens, des Verstandes. Die Wirkungen sind nach außen gerichtet; im schönsten und höchsten Sinne gewährt dieser Zeitpunkt Dauer und Genuß unter gewissen Bedingungen. Leicht artet jedoch ein solcher Zustand in Selbstsucht und Tyrannei aus, wo man sich aber keinesweges den Tyrannen als eine einzelne Person zu denken nötig hat; es gibt eine Tyrannei ganzer Massen, die höchst gewaltsam und unwiderstehlich ist.

Man mag sich die Bildung und Wirkung der Menschen unter welchen Bedingungen man will denken, so schwanken beide durch Zeiten und Länder, durch Einzelnheiten und Massen, die proportionierlich und unproportionierlich auf einander wirken; und hier liegt das Inkalkulable, das Inkommensurable der Weltgeschichte. Gesetz und Zufall greifen in einander, der betrachtende Mensch aber kommt oft in den Fall beide mit einander zu verwechseln, wie sich besonders an parteiischen Historikern bemerken läßt, die zwar meistens unbewußt, aber doch künstlich genug, sich eben dieser Unsicherheit zu ihrem Vorteil bedienen.

Der schwache Faden, der sich aus dem manchmal so breiten Gewebe des Wissens und der Wissenschaften durch alle Zeiten, selbst die dunkelsten und verworrensten, ununterbrochen fortzieht, wird durch Individuen durchgeführt. Diese werden in einem Jahrhundert wie in dem andern von der besten Art geboren und verhalten sich immer auf dieselbe Weise gegen jedes Jahrhundert, in welchem sie vorkommen. Sie stehen nämlich mit der Menge im Gegensatz, ja im Widerstreit. Ausgebildete Zeiten haben hierin nichts voraus vor den barbarischen: denn Tugenden sind zu jeder Zeit selten, Mängel gemein. Und stellt sich denn nicht sogar im Individuum eine Menge von Fehlern der einzelnen Tüchtigkeit entgegen?
Gewisse Tugenden gehören der Zeit an, und so auch gewisse Mängel, die einen Bezug auf sie haben.

Die neuere Zeit schätzt sich selbst zu hoch, wegen der großen Masse Stoffes, den sie umfaßt. Der Hauptvorzug des Menschen beruht aber nur darauf, in wie fern er den Stoff zu behandeln und zu beherrschen weiß.

Es gibt zweierlei Erfahrungsarten, die Erfahrung des Abwesenden und die des Gegenwärtigen. Die Erfahrung des Abwesenden, wozu das Vergangene gehört, machen wir auf fremde Autorität, die des Gegenwärtigen sollten wir auf eigene Autorität machen. Beides gehörig zu tun, ist die Natur des Individuums durchaus unzulänglich.

Die in einander greifenden Menschen- und Zeitalter nötigen uns, eine mehr oder weniger untersuchte Überlieferung gelten zu lassen, um so mehr als auf der Möglichkeit dieser Überlieferung die Vorzüge des menschlichen Geschlechts beruhen.
Überlieferung fremder Erfahrung, fremden Urteils sind bei so großen Bedürfnissen der eingeschränkten Menschheit höchst willkommen, besonders wenn von hohen Dingen, von allgemeinen Anstalten die Rede ist.

Ein ausgesprochnes Wort tritt in den Kreis der übrigen notwendig wirkenden Naturkräfte mit ein. Es wirkt um so lebhafter, als in dem engen Raume, in welchem die Menschheit sich ergeht, die nämlichen Bedürfnisse, die nämlichen Forderungen immer wiederkehren.

Und doch ist jede Wortüberlieferung so bedenklich. Man soll sich, heißt es, nicht an das Wort, sondern an den Geist halten. Gewöhnlich aber vernichtet der Geist das Wort, oder verwandelt es doch dergestalt, daß ihm von seiner frühern Art und Bedeutung wenig übrig bleibt.

Wir stehen mit der Überlieferung beständig im Kampfe, und jene Forderung, daß wir die Erfahrung des Gegenwärtigen auf eigene Autorität machen sollten, ruft uns gleichfalls zu einem bedenklichen Streit auf. Und doch fühlt ein Mensch, dem eine originelle Wirksamkeit zu Teil geworden, den Beruf, diesen doppelten Kampf persönlich zu bestehen, der durch den Fortschritt der Wissenschaften nicht erleichtert, sondern erschwert wird. Denn es ist am Ende doch nur immer das Individuum, das einer breiteren Natur und breiteren Überlieferung Brust und Stirn bieten soll.

Der Konflikt des Individuums mit der unmittelbaren Erfahrung und der mittelbaren Überlieferung, ist eigentlich die Geschichte der Wissenschaften: denn was in und von ganzen Massen geschieht, bezieht sich doch nur zuletzt auf ein tüchtigeres Individuum, das alles sammeln, sondern, redigieren und vereinigen soll; wobei es wirklich ganz einerlei ist, ob die Zeitgenossen ein solch Bemühen begünstigen oder ihm widerstreben. Denn was heißt begünstigen, als das Vorhandene vermehren und allgemein machen. Dadurch wird wohl genutzt, aber die Hauptsache nicht gefördert.

Sowohl in Absicht auf Überlieferung als eigene Erfahrung muß nach Natur der Individuen, Nationen und Zeiten ein sonderbares Entgegenstreben, Schwanken und Vermischen entstehen.

Gehalt ohne Methode führt zur Schwärmerei; Methode ohne Gehalt zum leeren Klügeln; Stoff ohne Form zum beschwerlichen Wissen, Form ohne Stoff zu einem hohlen Wähnen.

Leider besteht der ganze Hintergrund der Geschichte der Wissenschaften bis auf den heutigen Tag aus lauter solchen beweglichen, in einander fließenden und sich doch nicht vereinigenden Gespenstern, die den Blick dergestalt verwirren, daß man die hervortretenden, wahrhaft würdigen Gestalten kaum recht scharf ins Auge fassen kann.

In allen Zeiten sind es nur die Individuen, welche für die Wissenschaft gewirkt, nicht das Zeitalter. Das Zeitalter war's, das den Sokrates durch Gift hinrichtete, das Zeitalter, das Hussen verbrannte; die Zeitalter sind sich immer gleich geblieben.

*

Indem ich mich zeither mit der Lebensgeschichte wenig und viel bedeutender Menschen anhaltender beschäftigte, kam ich auf den Gedanken: es möchten sich wohl die einen in dem Weltgewebe als Zettel, die andern als Einschlag betrachten lassen; jene geben eigentlich die Breite des Gewebes an, diese dessen Halt, Festigkeit, vielleicht auch mit Zutat irgend eines Gebildes. Die Schere der Parze hingegen bestimmt die Länge, dem sich denn das übrige alles zusammen unterwerfen muß. Weiter wollen wir das Gleichnis nicht verfolgen.

*

Es gibt Menschen, die gar nicht irren, weil sie sich nichts Vernünftiges vorsetzen.

*

Wenn man den Menschlichen Geist von einer Hypothese befreit, die ihn zwang, falsch oder halb zu sehen, falsch zu kombinieren, anstatt zu schauen zu grübeln, anstatt zu urteilen zu sophistieren, so hat man ihm schon einen großen Dienst erzeigt. Er sieht die Phänomene freier, in anderen Verhältnissen und Verbindungen an, er ordnet sie nach seiner Weise, und er erhält wieder die Gelegenheit, die unschätzbar ist, wenn er in der Folge bald dazu gelangt, seinen Irrtum selbst wieder einzusehen.

Allgemeine Betrachtung

Eine höchst wichtige Betrachtung in der Geschichte der Wissenschaften ist die, daß sich aus den ersten Anfängen einer Entdeckung manches in den Gang des Wissens heran- und durchzieht, welches den Fortschritt hindert, sogar öfters lähmt.

Die Gelegenheit der Entdeckung ist freilich höchst wichtig, und die Anfänge geben zu Benennungen Anlaß, die an und für sich selbst nicht schädlich sind. Elektrizität erhielt vom Bernstein ihren Namen, und zwar ganz mit Recht; weil aber hierdurch dem Bernstein diese Eigenschaft zugeeignet wurde, so dauerte es lange, bis man ihm das Glas an die Seite und entgegensetzte.

So hat auch jeder Weg, durch den wir zu einer neuen Entdeckung gelangen, Einfluß auf Ansicht und Theorie. Wir erwehren uns kaum zu denken: was uns zu einer Erscheinung geleite, sei auch der Beginn, die Ursache derselben; dabei beharren wir, anstatt von der umgekehrten Seite heranzugehen und die Probe auf unsere erste Ansicht zu machen, um das Ganze zu gewinnen.

Was würden wir von dem Architekten sagen, der durch eine Seitentüre in einen Palast gekommen wäre und nun, bei Beschreibung und Darstellung eines solchen Gebäudes, alles auf diese erste untergeordnete Seite beziehen wollte? und doch geschieht dies in den Wissenschaften jeden Tag. In der Geschichte müssen wir es zugeben, schwer aber wird uns zu bekennen, daß wir selbst noch in solchen Dunkelheiten befangen sind.

⟨*Kritik des 18. Jahrhunderts*⟩

Daß die Weltgeschichte von Zeit zu Zeit umgeschrieben werden müsse, darüber ist in unsern Tagen wohl kein Zweifel übrig geblieben. Eine solche Notwendigkeit entsteht aber nicht etwa daher, weil viel Geschehenes nachentdeckt worden, sondern weil neue Ansichten gegeben werden, weil der Genosse einer fortschreitenden Zeit auf Standpunkte geführt wird, von welchen sich das Vergangene auf eine neue Weise überschauen und beurteilen läßt. Eben so ist es in den Wissenschaften. Nicht allein die Entdeckung von bisher unbekannten Naturverhältnissen und Gegenständen, sondern auch die abwechselnden vorschreitenden Gesinnungen und Meinungen verändern sehr vieles und sind wert von Zeit zu Zeit beachtet zu werden. Besonders würde sichs nötig machen, das vergangene achtzehnte Jahrhundert in diesem Sinne zu kontrollieren. Bei seinen großen Verdiensten hegte und pflegte es manche Mängel und tat den vorhergehenden Jahrhunderten, besonders den weniger ausgebildeten, gar mannigfaltiges Unrecht. Man kann es in diesem Sinne wohl das selbstkluge nennen, indem es sich auf eine gewisse klare Verständigkeit sehr viel einbildete, und alles nach einem einmal gegebenen Maßstab abzumessen sich gewöhnte. Zweifelsucht und entscheidendes Absprechen wechselten mit einander ab, um eine und dieselbe Wirkung hervorzubringen: eine dünkelhafte Selbstgenügsamkeit, und ein Ablehnen alles dessen, was sich nicht sogleich erreichen noch überschauen ließ.

Wo findet sich Ehrfurcht für hohe unerreichbare Forderungen? Wo das Gefühl für einen in unergründliche Tiefe sich senkenden Ernst? Wie selten ist die Nachsicht gegen kühnes mißlungenes Bestreben! wie selten die Geduld gegen den langsam Werdenden! Ob hierin der lebhafte Franzose oder der trockne Deutsche mehr gefehlt, und in wiefern beide wechselseitig zu diesem weit verbreiteten Tone beigetragen, ist hier der Ort nicht zu untersuchen. Man schlage diejenigen Werke, Hefte, Blätter nach, in welchen kürzere oder längere Notizen von dem Leben gelehrter Männer, ihrem Charakter und Schriften gegeben sind; man durchsuche Dictionnaire, Bibliotheken, Nekrologen, und selten wird sich finden, daß eine problematische Natur mit Gründlichkeit und Billigkeit dargestellt worden. Man kommt zwar den wackern Personen früherer Zeiten darin zu Hülfe, daß man sie vom Verdacht der Zauberei zu befreien sucht; aber nun täte es gleich wieder not, daß man sich auf eine andre Weise ihrer annähme und sie aus den Händen solcher Exorzisten abermals befreite, welche, um die Gespenster zu vertreiben, sichs zur heiligen Pflicht machen, den Geist selbst zu verjagen.

⟨*Fremde Meinungen*⟩

Es ist äußerst schwer, fremde Meinungen zu referieren, besonders wenn sie sich nachbarlich annähern, kreuzen und decken. Ist der Referent umständlich, so erregt er Ungeduld und lange Weile; will er sich zusammenfassen, so kommt er in Gefahr, seine Ansicht für die fremde zu geben; vermeidet er zu urteilen, so weiß der Leser nicht, woran er ist; richtet er nach gewissen Maximen, so werden seine Darstellungen einseitig und erregen Widerspruch, und die Geschichte macht selbst wieder Geschichten.

Ferner sind die Gesinnungen und Meinungen eines bedeutenden Verfassers nicht so leicht auszusprechen. Alle Lehren, denen man Originalität zuschreiben kann, sind nicht so leicht gefaßt, nicht so geschwind epitomiert und systematisiert. Der Schriftsteller neigt sich zu dieser oder jener Gesinnung; sie wird aber durch seine Individualität, ja oft nur durch den Vortrag, durch die Eigentümlichkeit des Idioms, in welchem er spricht und schreibt, durch die Wendung der Zeit, durch mancherlei Rücksichten modifiziert.

[...]

Ein Mann, der länger gelebt, ist verschiedene Epochen durchgegangen; er stimmt vielleicht nicht immer mit sich selbst überein; er trägt manches vor, davon wir das eine für wahr, das andere für falsch ansprechen möchten: alles diese darzustellen, zu sondern, zu bejahen, zu verneinen, ist eine unendliche Arbeit, die nur dem gelingen kann, der sich ihr ganz widmet und ihr sein Leben aufopfern mag.

III. Wissenschaft heisst: beobachten – unterscheiden – ordnen die Idee in der Erscheinung erkennen

Um mich zu retten, betrachte ich alle Erscheinungen als unabhängig voneinander und suche sie gewaltsam zu isolieren; dann betrachte ich sie als Korrelate, und sie verbinden sich zu einem entschiedenen Leben. Dies beziehe ich vorzüglich auf die Natur; aber auch in Bezug auf die neueste, um uns her bewegte Weltgeschichte ist diese Betrachtungsweise fruchtbar.

*

Zwei Forderungen entstehen in uns bei Betrachtung der Naturerscheinungen: die Erscheinungen selbst vollständig kennenzulernen, und uns dieselben durch Nachdenken anzueignen. Zur Vollständigkeit führt die Ordnung, die Ordnung fordert Methode, und die Methode erleichtert die Vorstellungen. Wenn wir einen Gegenstand in allen seinen Teilen übersehen, recht fassen und ihn im Geiste wieder hervorbringen können: so dürfen wir sagen, daß wir ihn im eigentlichen Sinne anschauen, daß er uns angehöre, daß wir darüber eine gewisse Herrschaft erlangen. Und so führt uns das Besondere immer zum Allgemeinen, das Allgemeine zum Besonderen. Beide wirken bei jeder Betrachtung, bei jedem Vortrag durcheinander.

*

Kein Phänomen erklärt sich an und aus uns selbst; nur viele, zusammen überschaut, methodisch geordnet, geben zuletzt etwas, das für Theorie gelten könnte.

Theorie { Erfahrung
und { Phänomen stehen gegeneinander in beständigem Konflikt. Alle Vereinigung in der Reflexion ist eine Täuschung; nur durch Handeln können sie vereinigt werden.

*

Das Höchste wäre: zu begreifen, daß alles Faktische schon Theorie ist. Die Bläue des Himmels offenbart uns das Grundgesetz der Chromatik. Man suche nur nichts hinter den Phänomenen: sie selbst sind die Lehre.

*

Die Erfahrung nutzt erst der Wissenschaft, sodann schadet sie, weil die Erfahrung Gesetz und Ausnahme gewahr werden läßt. Der Durchschnitt von beiden gibt keineswegs das Wahre.

*

Man sagt: zwischen zwei entgegengesetzten Meinungen liege die Wahrheit mitten inne. Keineswegs! Das Problem liegt dazwischen, das Unschaubare, das ewig tätige Leben, in Ruhe gedacht.

*

Eine zwar niedere doch schon ideelle Unternehmung des Menschen ist das Zählen, wodurch im allgemeinen Leben so vieles verrichtet wird; die große Bequemlichkeit jedoch, die allgemeine Faßlichkeit und Erreichbarkeit gibt dem Ordnen nach der Zahl auch in den Wissenschaften Eingang und Beifall (...), doch widerstrebt es einer höheren Einsicht mehr, als daß es solche förderte.

*

Zur Methode wird nur der getrieben, dem die Empirie lästig wird.

*

Cartesius schrieb sein Buch *De Methodo* einige Male um, und wie es jetzt liegt kann es uns doch nichts helfen. Jeder der eine Zeitlang auf dem redlichen Forschen verharrt, muß seine Methode irgendeinmal umändern.

*

Wenn wir das, was wir wissen, nach anderer Methode oder wohl gar in fremder Sprache dargelegt finden, so erhält es einen sonderbaren Reiz der Neuheit und frischen Ansehens.

*

Denken ist interessanter als Wissen, aber nicht als Anschauen.

*

Der Mensch ist genugsam ausgestattet zu allen wahren irdischen Bedürfnissen, wenn er seinen Sinnen traut und sie dergestalt ausbildet, daß sie des Vertrauens wert bleiben.

*

Die Sinne trügen nicht, das Urteil trügt.

*

Was uns so sehr irre macht, wenn wir die Idee in der Erscheinung anerkennen sollen, ist daß sie oft und gewöhnlich den Sinnen widerspricht.
Das Kopernikanische System beruht auf einer Idee, die schwer zu fassen war und noch täglich unseren Sinnen widerspricht. Wir sagen nur nach, was wir nicht erkennen noch begreifen.
Die Metamorphose der Pflanzen widerspricht gleichfalls unseren Sinnen.

*

Die größten Wahrheiten widersprechen oft geradezu den Sinnen, ja fast immer. Die Bewegung der Erde um die Sonne – was kann dem Augenschein nach absurder sein? Und doch ist es die größte, erhabenste, folgenreichste Entdeckung, die je der Mensch gemacht hat, in meinen Augen wichtiger als die ganze Bibel.

*

Alle Empiriker streben nach der Idee und können sie in der Mannigfaltigkeit nicht entdecken; alle Theoretiker suchen sie im Mannigfaltigen und können sie darinne nicht auffinden.

*

Wer sich vor der Idee scheut, hat zuletzt auch den Begriff nicht mehr.

*

Ein großes Übel in den Wissenschaften, ja überall entsteht daher, daß Menschen, die kein Ideenvermögen haben, zu theoretisieren sich vermessen, weil sie nicht begreifen, daß noch so vieles Wissen sie hiezu nicht berechtigt. Sie gehen im Anfange wohl mit einem löblichen Menschenverstand zu Werke, dieser aber hat seine Grenzen, und wenn er sie überschreitet, kommt er in Gefahr, absurd zu werden. Des Menschenverstandes angewiesenes Gebiet und Erbteil ist der Bezirk des Tun und Handelns. Tätig wird er sich selten verirren; das höhere Denken, Schließen und Urteilen jedoch ist nicht seine Sache.

⟨*Beobachtung und Denken*⟩

Die Fehler der Beobachter entspringen aus den Eigenschaften des menschlichen Geistes.
Der Mensch kann und soll seine Eigenschaften weder ablegen noch verleugnen.
Aber er kann sie bilden und ihnen eine Richtung geben.
Der Mensch will immer tätig sein.
Ein Phänomen an und vor sich scheint ihm nicht wichtig genug.
Wenn es nicht eigentlich auf ihn wirkt, steht er zwar als Beobachter da, allein er behandelt es schnell als einen Minor.
Eilig sucht er sich einen Major dazu, um so geschwind als möglich eine Konklusion machen zu können.
Er findet dabei einen doppelten Vorteil.
Er ist tätig gewesen, und er hat ein Objekt sich zugeeignet, in sein Ganzes verschlungen, oder die Anforderung eines schwachen Interesses beiseite geschafft.
Zum Beobachter gehört natürliche Anlage und zweckmäßige Bildung.
Der Beobachter muß mehr das Ordnen als das Verbinden und Knüpfen lieben.
Wer zur wahren Ordnung geneigt ist, wird, sobald etwas Fremdes erscheint, das in seine Einrichtung nicht paßt, lieber die ganze Zusammenstellung verändern, als das eine auslassen oder wissentlich falsch stellen.
Wer zum Verknüpfen geneigt ist, wird seine Verbindung nicht gerne auflösen; er wird etwas Neues lieber ignorieren oder künstlich mit dem Alten verbinden.
Die Ordnung ist mehr objektiv.
Die Verknüpfung mehr subjektiv.

Wir lieben das Objekt nicht so sehr, als unsere Meinung; wir bilden uns weniger darauf ein und lassen es lieber fahren.

Die erste von allen Eigenschaften ist die Aufmerksamkeit, wodurch das Phänomen sicher wird.

Verwandlung des Phänomens in einen Versuch.

Möglichkeit, dadurch viele Phänomene in eine Rubrik zu bringen.

Ordnung dieser Rubriken.

Subjektives in dieser Ordnung.

Methode der Ordnung.

Besonders bei elementarischen Gegenständen.

Unterschied der Behandlung bestimmter und besonders organischer Körper.

Ordnung die beste, wodurch die Phänomene gleichsam ein großes Phänomen werden, dessen Teile sich aufeinander beziehn.

Terminologie.

Übrige theoretische Handhaben.

Gründlichkeit im Beobachten.

Versatilität in der Vorstellungsart.

⟨*Unterscheiden und Vergleichen*⟩

[...]
Wir sollten, dünkt mich, immer mehr beobachten, worin sich die Dinge, zu deren Erkenntnis wir gelangen mögen, voneinander unterscheiden, als wodurch sie einander gleichen. Das Unterscheiden ist schwerer, mühsamer, als das Ähnlichfinden, und wenn man recht gut unterschieden hat, so vergleichen sich alsdann die Gegenstände von selbst. Fängt man damit an, die Sachen gleich oder ähnlich zu finden, so kommt man leicht in den Fall, seiner Hypothese oder seiner Vorstellungsart zulieb Bestimmungen zu übersehen, wodurch sich die Dinge sehr voneinander unterscheiden.

Verzeihen Sie mir, wenn ich in einen dogmatischen Ton falle, und nehmen Sie den Ernst in einer ernstlichen Sache gut auf.

Das Leben, das in allen existierenden Dingen wirkt, können wir uns weder in seinem Umfange, noch in allen seinen Arten und Weisen, durch welche es sich offenbart, auf einmal denken.

Es bleibt also einem Geiste, der dahin gerichtet ist, nichts übrig, als ebendiese Arten und Weisen, so genau als es ihm möglich ist, kennenzulernen. Er sieht wohl ein, daß er alle zusammen einem einzigen Begriffe, dem Begriff vom Leben im weitsten Sinne, unterzuordnen hat: aber ebendesto sorgfältiger wird er die Gegenstände voneinander sondern, in welchen sich die Art zu sein und zu leben verschieden zeigt. Er wird mit Strenge, ja mit Pedantismus, darauf halten, daß die großen eingeschlagenen Merkpfähle nicht verrückt werden, welche, wenn sie auch nur willkürlich eingeschlagen waren, ihm doch dazu helfen müssen, das Land zu messen und auf das genaueste zu kennen. Er wird die drei großen in die Augen fallenden Gipfel, Kristallisation, Vegetation, und animalische Organisation, niemals einander zu nähern suchen, vielmehr wird er nur ihre Zwischenräume genau zu kennen trachten, und mit großem Interesse an den Punkten verweilen, wo die verschiedenen Reiche zusammenzutreffen und ineinander überzugehen scheinen.

Dieses letzte mag wohl Ihr besonderer Fall sein, werter Freund, und ich darf Sie deswegen nicht tadeln, weil ich mich selbst in diesen Gegenden oft aufgehalten und noch gern darin verweile. Nur mag ich nicht gerne zugeben, daß man zwei Berge, welche durch ein Tal verbunden werden, für Einen Berg halte und dafür ausgebe. Denn ebenso ist es in natürlichen Dingen: die Gipfel der Reiche der Natur sind entschieden voneinander getrennt und aufs deutlichste zu unterscheiden. Ein Salz ist kein Baum, ein Baum kein Tier; hier können wir die Pfähle feststekken, wo uns die Natur den Platz selbst angewiesen hat. Wir können sodann nur desto sichrer von diesen Höhen in ihre gemeinschaftliche Täler heruntersteigen, und auch diese recht genau durchsuchen und durchforschen.

So hab' ich nichts dagegen, mein Freund, wenn Sie diese Beobachtungen, worauf Sie die Winterzierde ihrer Fenster aufmerksam gemacht, weiter und genauer fortsetzen; geben Sie acht, wo Kristallisationen sich einer Ramifikation nähern, und Sie werden finden, daß es gewöhnlich dann geschieht, wenn sich ein Phlogiston zu den Salzen mischt. Sie werden alsdenn, durch Hülfe kleiner chymischer Versuche angenehme Erfahrungen sammeln. Sie werden von den gefrornen Erscheinungen nach und nach bis zur künstlichen Verfertigung der Dendriten übergehen, und alsdann mich selbst überraschen und belehren, wenn Sie mir den Punkt genau anzeigen, wo Sie auf diesem Wege das ganz nahe verwandt scheinende Moos zu erhaschen das Glück hatten.

Übrigens lassen Sie uns für alle Kunstwörter einen gleichen Respekt haben! Jedes zeigt von der Bemühung des Menschengeistes, etwas Unbegreifliches zu begreifen. Lassen Sie uns die Worte Aggregation, Kristallisation, Epigenese, Evolution nach unsrer Bequemlichkeit brauchen, je nachdem eins oder das andere zu unsrer Beobachtung am besten zu passen scheint.

Da wir nicht mit wenig viel tun können, so muß es uns nicht verdrießen, mit vielem wenig zu tun; und wenn der Mensch die ganze Natur nicht einmal in einem dunkeln Gefühl umfassen kann, so kann er doch vieles in ihr erkennen und wissen.

Die Wissenschaft ist eigentlich das Vorrecht des Menschen; und wenn er durch sie immer wieder auf den großen Begriff geleitet wird: daß das alle nur ein harmonisches Eins, und er doch auch wieder ein harmonisches Eins sei; so wird dieser große Begriff weit reicher und voller in ihm stehen, als wenn er in einem bequemen Mystizismus ruhte, der seine Armut gern in einer respektablen Dunkelheit verbirgt.

Der Versuch als Vermittler von Objekt und Subjekt

Sobald der Mensch die Gegenstände um sich her gewahr wird, betrachtet er sie in Bezug auf sich selbst, und mit Recht. Denn es hängt sein ganzes Schicksal davon ab, ob sie ihm gefallen oder mißfallen, ob sie ihn anziehen oder abstoßen, ob sie ihm nutzen oder schaden. Diese ganz natürliche Art die Sachen anzusehen und zu beurteilen scheint so leicht zu sein als sie notwendig ist, und doch ist der Mensch dabei tausend Irrtümern ausgesetzt, die ihn oft beschämen und ihm das Leben verbittern.

Ein weit schwereres Tagewerk übernehmen diejenigen, deren lebhafter Trieb nach Kenntnis die Gegenstände der Natur an sich selbst und in ihren Verhältnissen unter einander zu beobachten strebt: denn sie vermissen bald den Maßstab der ihnen zu Hülfe kam, wenn sie als Menschen die Dinge in Bezug auf *sich* betrachteten. Es fehlt ihnen der Maßstab des Gefallens und Mißfallens, des Anziehens und Abstoßens, des Nutzens und Schadens, diesem sollen sie ganz entsagen, sie sollen als gleichgültige und gleichsam göttliche Wesen suchen und untersuchen was ist und nicht was behagt. So soll den echten Botaniker weder die Schönheit noch die Nutzbarkeit der Pflanzen rühren, er soll ihre Bildung, ihr Verhältnis zu dem übrigen Pflanzenreiche untersuchen; und wie sie alle von der Sonne hervorgelockt und beschienen werden, so soll er mit einem gleichen ruhigen Blicke sie alle ansehen und übersehen, und den Maßstab zu dieser Erkenntnis, die Data der Beurteilung nicht aus sich, sondern aus dem Kreise der Dinge nehmen die er beobachtet.

Sobald wir einen Gegenstand in Beziehung auf sich selbst

und in Verhältnis mit andern betrachten, und denselben nicht unmittelbar entweder begehren oder verabscheuen; so werden wir mit einer ruhigen Aufmerksamkeit uns bald von ihm, seinen Teilen, seinen Verhältnissen einen ziemlich deutlichen Begriff machen können. Je weiter wir diese Betrachtungen fortsetzen, je mehr wir Gegenstände unter einander verknüpfen, desto mehr üben wir die Beobachtungsgabe die in uns ist. Wissen wir in Handlungen diese Erkenntnisse auf uns zu beziehen, so verdienen wir klug genannt zu werden. Für einen jeden wohl organisierten Menschen, der entweder von Natur mäßig ist, oder durch die Umstände mäßig eingeschränkt wird, ist die Klugheit keine schwere Sache: denn das Leben weist uns bei jedem Schritte zurecht. Allein wenn der Beobachter eben diese scharfe Urteilskraft zur Prüfung geheimer Naturverhältnisse anwenden, wenn er in einer Welt, in der er gleichsam allein ist, auf seine eigenen Tritte und Schritte acht geben, sich vor jeder Übereilung hüten, seinen Zweck stets in Augen haben soll, ohne doch selbst auf dem Wege irgend einen nützlichen oder schädlichen Umstand unbemerkt vorbei zu lassen, wenn er auch da wo er von niemand so leicht kontrolliert werden kann, sein eigner strengster Beobachter sein und bei seinen eifrigsten Bemühungen immer gegen sich selbst mißtrauisch sein soll; so sieht wohl jeder wie streng diese Forderungen sind und wie wenig man hoffen kann sie ganz erfüllt zu sehen, man mag sie nun an andere oder an sich machen. Doch müssen uns diese Schwierigkeiten, ja man darf wohl sagen diese hypothetische Unmöglichkeit, nicht abhalten das Möglichste zu tun, und wir werden wenigstens am weitsten kommen, wenn wir uns die Mittel im allgemeinen zu vergegenwärtigen suchen, wodurch vorzügliche Menschen die Wissenschaften zu erweitern gewußt haben, wenn wir die Abwege genau bezeichnen,

auf welchen sie sich verirrt, und auf welchen ihnen manchmal Jahrhunderte eine große Anzahl von Schülern folgten, bis spätere Erfahrungen erst wieder den Beobachter auf den rechten Weg einleiteten.
Daß die Erfahrung, wie in allem was der Mensch unternimmt, so auch in der Naturlehre, von der ich gegenwärtig vorzüglich spreche, den größten Einfluß habe und haben solle, wird niemand leugnen, so wenig als man den Seelenkräften, in welchen diese Erfahrungen aufgefaßt, zusammengenommen, geordnet und ausgebildet werden, ihre hohe und gleichsam schöpferisch unabhängige Kraft absprechen wird. Allein wie diese Erfahrungen zu machen und wie sie zu nutzen, wie unsere Kräfte auszubilden und zu brauchen, das kann weder so allgemein bekannt noch anerkannt sein.
Sobald Menschen von scharfen frischen Sinnen auf Gegenstände aufmerksam gemacht werden, findet man sie zu Beobachtungen so geneigt als geschickt. Ich habe dieses oft bemerken können, seitdem ich die Lehre des Lichts und der Farben mit Eifer behandele und wie es zu geschehen pflegt mich auch mit Personen, denen solche Betrachtungen sonst fremd sind, von dem was mich so eben sehr interessiert, unterhalte. Sobald ihre Aufmerksamkeit nur rege war, bemerkten sie Phänomene, die ich teils nicht gekannt, teils übersehen hatte, und berichtigten dadurch gar oft eine zu voreilig gefaßte Idee, ja gaben mir Anlaß schnellere Schritte zu tun und aus der Einschränkung heraus zu treten, in welcher uns eine mühsame Untersuchung oft gefangen hält.
Es gilt also auch hier was bei so vielen andern menschlichen Unternehmungen gilt, daß nur das Interesse Mehrerer auf Einen Punkt gerichtet etwas Vorzügliches hervor zu bringen im Stande sei. Hier wird es offenbar, daß der Neid, welcher andere so gern von der Ehre einer Entdek-

kung ausschließen möchte, daß die unmäßige Begierde etwas Entdecktes nur nach seiner Art zu behandeln und auszuarbeiten dem Forscher selbst das größte Hindernis sei.

Ich habe mich bisher bei der Methode mit Mehreren zu arbeiten zu wohl befunden, als daß ich nicht solche fortsetzen sollte. Ich weiß genau wem ich dieses und jenes auf meinem Wege schuldig geworden und es soll mir eine Freude sein, es künftig öffentlich bekannt zu machen.

Sind uns nun bloß natürliche aufmerksame Menschen so viel zu nützen im Stande, wie allgemeiner muß der Nutzen sein, wenn unterrichtete Menschen einander in die Hände arbeiten. Schon ist eine Wissenschaft an und für sich selbst eine so große Masse, daß sie viele Menschen trägt, wenn sie gleich kein Mensch tragen kann. Es läßt sich bemerken, daß die Kenntnisse, gleichsam wie ein eingeschlossenes aber lebendiges Wasser, sich nach und nach zu einem gewissen Niveau erheben, daß die schönsten Entdeckungen nicht sowohl durch Menschen als durch die Zeit gemacht worden, wie denn eben sehr wichtige Dinge zu gleicher Zeit von zweien oder wohl gar mehreren geübten Denkern gemacht worden. Wenn also wir in jenem ersten Fall der Gesellschaft und den Freunden so vieles schuldig sind, so werden wir in diesem der Welt und dem Jahrhundert noch mehr schuldig und wir können in beiden Fällen nicht genug anerkennen, wie nötig Mitteilung, Beihülfe, Erinnerung und Widerspruch sei, um uns auf dem rechten Wege zu erhalten und vorwärts zu bringen.

Man hat daher in wissenschaftlichen Dingen gerade das Gegenteil von dem zu tun, was der Künstler rätlich findet: denn er tut wohl sein Kunstwerk nicht öffentlich sehen zu lassen, bis es vollendet ist, weil ihm nicht leicht jemand raten noch Beistand leisten kann; ist es hingegen vollendet, so hat er alsdann den Tadel oder das Lob zu überlegen und zu beherzigen, solches mit seiner Erfahrung zu vereinigen und sich dadurch zu einem neuen Werke auszubilden und vorzubereiten. In wissenschaftlichen Dingen hingegen ist es schon nützlich jede einzelne Erfahrung ja Vermutung öffentlich mitzuteilen, und es ist höchst rätlich, ein wissenschaftliches Gebäude nicht eher aufzuführen, bis der Plan dazu und die Materialien allgemein bekannt, beurteilt und ausgewählt sind.

Wenn wir die Erfahrungen, welche vor uns gemacht worden, die wir selbst oder andere zu gleicher Zeit mit uns machen, vorsätzlich wiederholen und die Phänomene die teils zufällig teils künstlich entstanden sind, wieder darstellen, so nennen wir dieses einen Versuch.

Der Wert eines Versuchs besteht vorzüglich darin, daß er, er sei nun einfach oder zusammengesetzt, unter gewissen Bedingungen mit einem bekannten Apparat und mit erforderlicher Geschicklichkeit jederzeit wieder hervorgebracht werden könne, so oft sich die bedingten Umstände vereinigen lassen. Wir bewundern mit Recht den menschlichen Verstand, wenn wir auch nur obenhin die Kombinationen ansehen, die er zu diesem Endzwecke gemacht hat, und die Maschinen betrachten, die dazu erfunden worden sind und man darf wohl sagen täglich erfunden werden.

So schätzbar aber auch ein jeder Versuch einzeln betrachtet sein mag, so erhält er doch nur seinen Wert durch Vereinigung und Verbindung mit andern. Aber eben zwei Versuche die mit einander einige Ähnlichkeit haben zu vereinigen und zu verbinden, gehört mehr Strenge und Aufmerksamkeit, als selbst scharfe Beobachter oft von sich gefordert haben. Es können zwei Phänomene mit einander verwandt sein, aber doch noch lange nicht so nah als wir glauben. Zwei Versuche können scheinen auseinander zu folgen, wenn zwischen ihnen noch eine große Reihe stehen müßte, um sie in eine recht natürliche Verbindung zu bringen.

Man kann sich daher nicht genug in acht nehmen, aus Versuchen nicht zu geschwind zu folgern: denn beim Übergang von der Erfahrung zum Urteil, von der Erkenntnis zur Anwendung ist es, wo dem Menschen gleichsam wie an einem Passe alle seine inneren Feinde auflauern, Einbildungskraft, Ungeduld, Vorschnelligkeit, Selbstzufriedenheit, Steifheit, Gedankenform, vorgefaßte Meinung, Bequemlichkeit, Leichtsinn, Veränderlichkeit, und wie die ganze Schar mit ihrem Gefolge heißen mag, alle liegen hier im Hinterhalte und überwältigen unversehens sowohl den handelnden Weltmann als auch den stillen vor allen Leidenschaften gesichert scheinenden Beobachter.

Ich möchte zur Warnung dieser Gefahr, welche größer und näher ist als man denkt, hier eine Art von Paradoxon aufstellen, um eine lebhaftere Aufmerksamkeit zu erregen. Ich wage nämlich zu behaupten: daß Ein Versuch, ja mehrere Versuche in Verbindung nichts beweisen, ja daß nichts gefährlicher sei als irgend einen Satz unmittelbar durch Versuche bestätigen zu wollen, und daß die größten Irrtümer eben dadurch entstanden sind, daß man die Gefahr und die Unzulänglichkeit dieser Methode nicht eingesehen. Ich muß mich deutlicher erklären, um nicht in den Verdacht zu geraten, als wollte ich nur etwas Sonderbares sagen.

Eine jede Erfahrung die wir machen, ein jeder Versuch durch den wir sie wiederholen, ist eigentlich ein isolierter Teil unserer Erkenntnis, durch öftere Wiederholung bringen wir diese isolierte Kenntnis zur Gewißheit. Es können uns zwei Erfahrungen in demselben Fache bekannt werden, sie können nahe verwandt sein, aber noch näher verwandt scheinen, und gewöhnlich sind wir geneigt, sie für näher verwandt zu halten als sie sind. Es ist dieses der Natur des Menschen gemäß, die Geschichte des menschlichen Verstandes zeigt uns tausend Beispiele und ich habe an mir selbst bemerkt, daß ich diesen Fehler oft begehe.

Es ist dieser Fehler mit einem andern nahe verwandt, aus dem er auch meistenteils entspringt. Der Mensch erfreut sich nämlich mehr an der Vorstellung als an der Sache, oder wir müssen vielmehr sagen: der Mensch erfreut sich nur einer Sache, in so fern er sich dieselbe vorstellt, sie muß in seine Sinnesart passen, und er mag seine Vorstellungsart noch so hoch über die gemeine erheben, noch so sehr reinigen, so bleibt sie doch gewöhnlich nur ein Versuch, viele Gegenstände in ein gewisses faßliches Verhältnis zu bringen, das sie, streng genommen, unter einander nicht haben; daher die Neigung zu Hypothesen, zu Theorien, Terminologien und Systemen, die wir nicht mißbilligen können, weil sie aus der Organisation unsers Wesens notwendig entspringen.

Wenn von einer Seite eine jede Erfahrung, ein jeder Versuch ihrer Natur nach als isoliert anzusehen sind, und von der andern Seite die Kraft des menschlichen Geistes alles was außer ihr ist und was ihr bekannt wird, mit einer ungeheuren Gewalt zu verbinden strebt, so sieht man die Gefahr leicht ein, welche man läuft, wenn man mit einer gefaßten Idee eine einzelne Erfahrung verbinden oder irgend ein Verhältnis das nicht ganz sinnlich ist, das aber die bildende Kraft des Geistes schon ausgesprochen hat, durch einzelne Versuche beweisen will.

Es entstehen durch eine solche Bemühung meistenteils Theorien und Systeme, die dem Scharfsinn der Verfasser Ehre machen, die aber, wenn sie mehr als billig ist Beifall finden, wenn sie sich länger als recht ist erhalten, dem

Fortschritte des menschlichen Geistes, den sie in gewissem Sinne befördern, sogleich wieder hemmen und schädlich werden.

Man wird bemerken können, daß ein guter Kopf nur desto mehr Kunst anwendet, je weniger Data vor ihm liegen, daß er gleichsam seine Herrschaft zu zeigen, selbst aus den vorliegenden Datis nur wenige Günstlinge herauswählt, die ihm schmeicheln, daß er die übrigen so zu ordnen versteht, daß sie ihm nicht geradezu widersprechen und daß er die feindseligen zuletzt so zu verwickeln, zu umspinnen und bei Seite zu bringen weiß, daß wirklich nunmehr das Ganze nicht mehr einer freiwirkenden Republik, sondern einem despotischen Hofe ähnlich wird.

Einem Manne der so viel Verdienst hat kann es an Verehrern und Schülern nicht fehlen, die ein solches Gewebe historisch kennen lernen und bewundern und in so fern es möglich ist, sich die Vorstellungsart ihres Meisters eigen machen. Oft gewinnt eine solche Lehre dergestalt die Überhand, daß man für frech und verwegen gehalten würde, wenn man an ihr zu zweifeln sich erkühnte. Nur spätere Jahrhunderte würden sich an ein solches Heiligtum wagen, den Gegenstand einer Betrachtung dem gemeinen Menschensinne wieder vindizieren, die Sache etwas leichter nehmen, und von dem Stifter einer Sekte das wiederholen, was ein witziger Kopf von einem großen Naturlehrer sagt: er wäre ein großer Mann gewesen, wenn er weniger erfunden hätte.

Es möchte aber nicht genug sein, die Gefahr anzuzeigen und vor derselben zu warnen. Es ist billig, daß man wenigstens seine Meinung eröffne und zu erkennen gebe, wie man selbst einen solchen Abweg zu vermeiden glaubt, oder ob man gefunden, wie ihn ein anderer vor uns vermieden habe.

Ich habe vorhin gesagt, daß ich die *unmittelbare* Anwendung eines Versuchs zum Beweis irgend einer Hypothese für schädlich halte, und habe dadurch zu erkennen gegeben, daß ich eine *mittelbare* Anwendung derselben für nützlich ansehe, und da auf diesen Punkt alles ankömmt, so ist es nötig sich deutlich zu erklären.
In der lebendigen Natur geschieht nichts, was nicht in einer Verbindung mit dem Ganzen stehe, und wenn uns die Erfahrungen nur isoliert *erscheinen*, wenn wir die Versuche nur als isolierte Fakta anzusehen haben, so wird dadurch nicht gesagt, daß sie isoliert *seien*, es ist nur die Frage: wie finden wir die Verbindung dieser Phänomene, dieser Begebenheiten?
Wir haben oben gesehen, daß diejenigen am ersten dem Irrtume unterworfen waren, welche ein isoliertes Faktum mit ihrer Denk- und Urteilskraft unmittelbar zu verbinden suchten. Dagegen werden wir finden, daß diejenigen am meisten geleistet haben, welche nicht ablassen alle Seiten und Modifikationen einer einzigen Erfahrung, eines einzigen Versuches, nach aller Möglichkeit durchzuforschen und durchzuarbeiten.
Da alles in der Natur, besonders aber die allgemeinern Kräfte und Elemente in einer ewigen Wirkung und Gegenwirkung sind, so kann man von einem jeden Phänomene sagen, daß es mit unzähligen andern in Verbindung stehe, wie wir von einem freischwebenden leuchtenden Punkte sagen, daß er seine Strahlen nach allen Seiten aussende. Haben wir also einen solchen Versuch gefaßt, eine solche Erfahrung gemacht, so können wir nicht sorgfältig genug untersuchen was *unmittelbar* an ihn grenzt? was *zunächst* auf ihn folgt? Dieses ists, worauf wir mehr zu sehen haben, als auf das was sich auf ihn *bezieht?* Die *Vermannigfaltigung eines jeden einzelnen Versuches* ist also die eigentliche Pflicht eines Naturforschers. Er hat

gerade die umgekehrte Pflicht eines Schriftstellers der unterhalten will. Dieser wird Langeweile erregen, wenn er nichts zu denken übrig läßt, jener muß rastlos arbeiten, als wenn er seinen Nachfolgern nichts zu tun übrig lassen wollte, wenn ihn gleich die Disproportion unseres Verstandes zu der Natur der Dinge zeitig genug erinnert, daß kein Mensch Fähigkeiten genug habe in irgend einer Sache abzuschließen.

Ich habe in den zwei ersten Stücken meiner optischen Beiträge eine solche Reihe von Versuchen aufzustellen gesucht, die zunächst an einander grenzen und sich unmittelbar berühren, ja, wenn man sie alle genau kennt und übersieht, gleichsam nur Einen Versuch ausmachen, nur Eine Erfahrung unter den mannigfaltigsten Ansichten darstellen.

Eine solche Erfahrung, die aus mehreren andern besteht, ist offenbar von einer *höhern Art.* Sie stellt die Formel vor, unter welcher unzählige einzelne Rechnungsexempel ausgedrückt werden. Auf solche Erfahrungen der höheren Art los zu arbeiten halt ich für höchste Pflicht des Naturforschers, und dahin weist uns das Exempel der vorzüglichsten Männer, die in diesem Fache gearbeitet haben.

Diese Bedächtlichkeit nur das Nächste ans Nächste zu reihen, oder vielmehr das Nächste aus dem Nächsten zu folgern, haben wir von den Mathematikern zu lernen, und selbst da, wo wir uns keiner Rechnung bedienen, müssen wir immer so zu Werke gehen, als wenn wir dem strengsten Geometer Rechenschaft zu geben schuldig wären.

Denn eigentlich ist es die mathematische Methode, welche wegen ihrer Bedächtlichkeit und Reinheit gleich jeden Sprung in der Assertion offenbart und ihre Beweise sind eigentlich nur umständliche Ausführungen, daß dasjenige, was in Verbindung vorgebracht wird, schon in seinen einfachen Teilen und in seiner ganzen Folge da gewesen, in seinem ganzen Umfange übersehen und unter allen Bedingungen richtig und unumstößlich erfunden worden. Und so sind ihre Demonstrationen immer mehr *Darlegungen, Rekapitulationen* als *Argumente.* Da ich diesen Unterschied hier mache, so sei es mir erlaubt, einen Rückblick zu tun.

Man sieht den großen Unterschied zwischen einer mathematischen Demonstration, welche die ersten Elemente durch so viele Verbindungen durchführt, und zwischen dem Beweis, den ein kluger Redner aus Argumenten führen könnte. Argumente können ganz isolierte Verhältnisse enthalten, und dennoch durch Witz und Einbildungskraft auf Einen Punkt zusammengeführt und der Schein eines Rechts oder Unrechts, eines Wahren oder Falschen überraschend genug hervorgebracht werden. Eben so kann man zu Gunsten einer Hypothese oder Theorie die einzelnen Versuche gleich Argumenten zusammen stellen und einen Beweis führen, der mehr oder weniger blendet.

Wem es dagegen zu tun ist, mit sich selbst und andern redlich zu Werke zu gehen, der wird auf das sorgfältigste die einzelnen Versuche durcharbeiten und so die Erfahrungen der höheren Art auszubilden suchen. Diese lassen sich durch kurze und faßliche Sätze aussprechen, neben einander stellen und wie sie nach und nach ausgebildet worden, können sie geordnet und in ein solches Verhältnis gebracht werden, daß sie so gut als mathematische Sätze entweder einzeln oder zusammengenommen unerschütterlich stehen.

Die *Elemente* dieser Erfahrungen der höheren Art, welches viele einzelne Versuche sind, können alsdann von jedem untersucht und geprüft werden, und es ist nicht schwer zu beurteilen, ob die vielen einzelnen Teile durch einen allgemeinen Satz ausgesprochen werden können? denn hier findet keine Willkür statt.

Bei der andern Methode aber, wo wir irgend etwas das wir behaupten durch *isolierte Versuche* gleichsam als durch *Argumente* beweisen wollen, wird das Urteil öfters nur *erschlichen*, wenn es nicht gar in Zweifel stehen bleibt. Hat man aber eine Reihe Erfahrungen der höheren Art zusammengebracht, so übe sich alsdann der Verstand, die Einbildungskraft, der Witz an denselben wie sie nur mögen, es wird nicht schädlich, ja es wird nützlich sein. Jene erste Arbeit kann nicht sorgfältig, emsig, streng, ja pedantisch genug vorgenommen werden; denn sie wird für Welt und Nachwelt unternommen. Aber diese Materialien müssen in Reihen geordnet und niedergelegt sein, nicht auf eine hypothetische Weise zusammengestellt, nicht zu einer systematischen Form verwendet. Es steht alsdenn einem jeden frei, sie nach seiner Art zu verbinden und ein Ganzes daraus zu bilden, das der menschlichen Vorstellungsart überhaupt mehr oder weniger bequem und angenehm sei. Auf diese Weise wird unterschieden was zu unterscheiden ist, und man kann die Sammlung von Erfahrungen viel schneller und reiner vermehren, als wenn man die späteren Versuche, wie Steine die nach einem geendigten Bau herbeigeschafft werden, unbenutzt bei Seite legen muß.

Die Meinung der vorzüglichsten Männer und ihr Beispiel läßt mich hoffen, daß ich auf dem rechten Wege sei und ich wünsche, daß mit dieser Erklärung meine Freunde zufrieden sein mögen, die mich manchmal fragen: was denn eigentlich bei meinen optischen Bemühungen meine Absicht sei? Meine Absicht ist alle Erfahrungen in diesem Fache zu sammeln, alle Versuche selbst anzustellen und sie durch ihre größte Mannigfaltigkeit durchzuführen, wodurch sie denn auch leicht nachzumachen und nicht aus dem Gesichtskreise so vieler Menschen hinaus gerückt sind. Sodann die Sätze, in welchen sich die Erfahrungen von der höheren Gattung aussprechen lassen, aufzustellen und abzuwarten, in wiefern sich auch diese unter ein höheres Prinzip rangieren. Sollte indes die Einbildungskraft und der Witz ungeduldig manchmal voraus eilen, so gibt die Verfahrungsart selbst die Richtung des Punktes an, wohin sie wieder zurückzukehren haben.

Erfahrung und Wissenschaft

Die Phänomene, die wir andern auch wohl Fakta nennen, sind gewiß und bestimmt ihrer Natur nach hingegen oft unbestimmt und schwankend in so fern sie erscheinen. Der Naturforscher sucht das Bestimmte der Erscheinungen zu fassen und festzuhalten, er ist in einzelnen Fällen aufmerksam nicht allein wie die Phänomene erscheinen sondern auch wie sie erscheinen sollten. Es gibt, wie ich besonders in dem Fache das ich bearbeite oft bemerken kann, viele empirische Brüche die man wegwerfen muß um ein reines konstantes Phänomen zu erhalten; allein sobald ich mir das erlaube so stelle ich schon eine Art von Ideal auf.

Es ist aber dennoch ein großer Unterschied ob man, wie Theoristen tun, einer Hypothese zu lieb ganze Zahlen in die Brüche schlägt, oder ob man einen empirischen Bruch der Idee des reinen Phänomens aufopfert.

Denn da der Beobachter nie das reine Phänomen mit Augen sieht, sondern vieles von seiner Geistesstimmung, von der Stimmung des Organs im Augenblick, von Licht, Luft, Witterung, Körpern, Behandlung und tausend andern Umständen abhängt; so ist ein Meer auszutrinken wenn man sich an Individualität des Phänomens halten und diese beobachten, messen, wägen und beschreiben will.

Bei meiner Naturbeobachtung und Betrachtung bin ich folgender Methode, so viel als möglich war, besonders in den letzten Zeiten treu geblieben.

Wenn ich die Konstanz und Konsequenz der Phänomene, bis auf einen gewissen Grad, erfahren habe, so ziehe ich daraus ein empirisches Gesetz und schreibe es den künftigen Erscheinungen vor. Passen Gesetz und Erscheinungen in der Folge völlig, so habe ich gewonnen, passen sie nicht ganz, so werde ich auf die Umstände der einzelnen Fälle aufmerksam gemacht und genötigt neue Bedingungen zu suchen unter denen ich die widersprechenden Versuche reiner darstellen kann; zeigt sich aber manchmal, unter gleichen Umständen, ein Fall, der meinem Gesetze widerspricht, so sehe ich, daß ich mit der ganzen Arbeit vorrucken und mir einen höhern Standpunkt suchen muß.

Dieses wäre also, nach meiner Erfahrung, derjenige Punkt wo der menschliche Geist sich den Gegenständen in ihrer Allgemeinheit am meisten nähern, sie zu sich heranbringen, sich mit ihnen (wie wir es sonst in der gemeinen Empirie tun) auf eine rationelle Weise gleichsam amalgamieren kann.

Was wir also von unserer Arbeit vorzuweisen hätten wäre:

1. *Das empirische Phänomen,*
   das jeder Mensch in der Natur gewahr wird und das nachher
2. *Zum wissenschaftlichen Phänomen*
   durch Versuche erhoben wird, indem man es unter andern Umständen und Bedingungen als es zuerst bekannt gewesen, und in einer mehr oder weniger glücklichen Folge darstellt
3. *Das reine Phänomen*
   steht nun zuletzt als Resultat aller Erfahrungen und Versuche da. Es kann niemals isoliert sein, sondern es zeigt sich in einer stetigen Folge der Erscheinungen; um es darzustellen bestimmt der menschliche Geist das empirisch Wankende, schließt das Zufällige aus, sondert das Unreine, entwickelt das Verworrene, ja entdeckt das Unbekannte.

Hier wäre wenn der Mensch sich zu bescheiden wüßte vielleicht das letzte Ziel unserer Kräfte. Denn hier wird nicht nach Ursachen gefragt, sondern nach Bedingungen unter welchen die Phänomene erscheinen, es wird ihre konsequente Folge, ihr ewiges Wiederkehren unter tausenderlei Umständen, ihre Einerleiheit und Veränderlichkeit angeschaut und angenommen, ihre Bestimmtheit anerkannt und durch den menschlichen Geist wieder bestimmt.

Eigentlich möchte diese Arbeit nicht spekulativ genannt werden, denn es sind am Ende doch nur wie mich dünkt, die praktischen und sich selbst rektifizierenden Operationen des gemeinen Menschenverstandes, der sich in einer höhern Sphäre zu üben wagt.

W⟨eimar⟩, den 15ten Januar 1798.

⟨Goethe-Schiller-Briefwechsel zu beidem Vorangehenden⟩

An Goethe

Jena, 19. Januar 1798.

Es wird Ihnen interessant und belehrend sein, wenn Sie Ihre Gedanken, die in jenem älteren und in Ihrem neuesten Aufsatz aufgestellt sind, nach den *Kategorien* durchgehen. Ihr Urteil wird ganz bestätigt werden, und es wird Ihnen zugleich ein neues Vertrauen zu dem regulativen Gebrauch der Philosophie in Erfahrungssachen erwachsen. Ich will mich hier nur bei einigen Anwendungen aufhalten, und zwar gleich in Beziehung auf ihren neuesten Aufsatz.

Die Vorstellung der Erfahrung unter den dreierlei Phänomenen ist vollkommen erschöpfend, wenn Sie sie nach den Kategorien prüfen. Der gemeine Empirism, der nicht über das empirische Phänomen hinausgeht, hat (der Quantität nach) immer nur Einen Fall, ein einziges Element der Erfahrung und mithin keine Erfahrung; der Qualität nach asseriert er immer nur eine bestimmte Existenz, ohne zu unterscheiden, von ihr auszuschließen, ihr entgegenzusetzen, mit einem Wort, zu vergleichen; der Relation nach ist er in Gefahr das Zufällige als das Substantielle aufzunehmen; der Modalität nach bleibt er bloß auf eine bestimmte Wirklichkeit eingeschränkt, ohne das Mögliche zu ahnden oder seine Erkenntnis bis gar zu einer Notwendigkeit zu führen. Nach meinem Begriff ist der gemeine Empirism nie einem Irrtum ausgesetzt, denn der Irrtum entsteht erst in der Wissenschaft. Was er bemerkt, bemerkt er wirklich, und weil er nicht den Kitzel fühlt, aus seinen Wahrnehmungen Gesetze für das Objekt zu machen, so können seine Wahrnehmungen ohne irgend eine Gefahr immer einzeln und akzidentell sein.

b. Erst mit dem *Rationalism* entsteht das *wissenschaftliche Phänomen* und der Irrtum. In diesem Felde nämlich fangen die Denkkräfte ihr Spiel an, und die Willkür tritt ein mit der Freiheit dieser Kräfte, die sich so gern dem Objekte substituieren.

Der Quantität nach verbindet der Rationalism immer *mehrere* Fälle, und solang er sich bescheidet, die Pluralität nicht für Totalität auszugeben, d. h. objektive Gesetze zu machen, so ist er unschädlich, ja nützlich, da er der *Weg* zur Wahrheit ist, welche nur darauf gefunden wird, daß man von dem einzelnen sich loszumachen weiß. In seinem Mißbrauch hingegen wird er verderblich für die Wissenschaft, weil er, wie Sie in Ihrem Aufsatz sehr einleuchtend sagen, die ungeheure Verbindungsgewalt des menschlichen Geistes auf Kosten einer gewissen republikanischen Freiheit der Fakten geltend machen will, kurz weil er in die bloße Pluralität schon seine Einheit legen will und also eine Totalität gibt, die keine ist.

Der Qualität nach setzt der Rationalism, wie billig ist, die Phänomene einander entgegen, er unterscheidet und vergleicht; welches gleichfalls (so wie der Rationalism überhaupt) löblich und gut und der einzige Weg zur Wissenschaft ist. Aber jener Despotism der Denkkräfte zeigt sich auch hier sogleich durch *Einseitigkeit*, durch *Härte* der Unterscheidung, so wie oben durch *Willkür* der Verbindung. Er kommt in Gefahr, dasjenige strenge zu sondern, was in der Natur verbunden ist, wie er oben verband, was die Natur scheidet. Er macht Einteilungen, wo keine sind u.s.w.

Der Relation nach ist es das ewige Bestreben des Rationalism, nach der Kausalität der Erscheinungen zu fragen und alles *qua* Ursach und Wirkung zu verbinden. Wie-

derum sehr löblich und nötig zur Wissenschaft, aber durch Einseitigkeit gleichfalls höchst verderblich. Ich beziehe mich hier auf Ihren Aufsatz selbst, der vorzüglich diesen Mißbrauch, den die Kausalbestimmung der Phänomene veranlaßt, rügt. Der Rationalism scheint hier vorzüglich dadurch zu fehlen, daß er dürftigerweise bloß die *Länge* und nicht die *Breite* der Natur in Anschlag bringt.
Der Modalität nach verläßt der Rationalism die Wirklichkeit, ohne die Notwendigkeit zu erreichen. Die *Möglichkeit* ist sein ungeheures Feld, daher das grenzenlose Hypothesieren. Auch diese Funktion des Verstandes ist nach meinem Urteil notwendig und *conditio sine quâ non* aller Wissenschaft, denn nur durch das Mögliche gibt es, nach meinem Bedünken, von dem Wirklichen einen Durchgang zu dem Notwendigen. Daher wehre ich mich, so sehr ich kann, für die Freiheit und Befugnis der theoretischen Kräfte im Felde der Physik.
c. Zu dem *reinen Phänomen,* welches nach meinem Urteil eins ist mit dem objektiven Naturgesetz, kann nur der *rationelle Empirism* hindurchdringen. Aber, um es noch einmal zu wiederholen, der rationelle Empirism selbst kann nie unmittelbar von dem Empirism anfangen, sondern der Rationalism wird allemal erst dazwischen liegen. Die dritte Kategorie entsteht jederzeit aus der Verknüpfung der ersten mit der zweiten, und so finden wir auch, daß nur die vollkommene Wirksamkeit der freien Denkkräfte mit der reinsten und ausgebreitetsten Wirksamkeit der sinnlichen Wahrnehmungsvermögen zu einer wissenschaftlichen Erkenntnis führt. Der rationelle Empirism wird folglich dieses beides tun: er wird die Willkür ausschließen und die Liberalität hervorbringen: die Willkür, welche entweder der Geist des Menschen gegen das Objekt oder der blinde Zufall im Objekte und die einge-

schränkte Individualität des einzelnen Phänomens gegen die Denkkraft ausübt. Mit einem Worte, er wird dem Objekt sein ganzes Recht erweisen, indem er ihm seine blinde Gewalt nimmt, und dem menschlichen Geist seine ganze (rationelle) Freiheit verschaffen, indem er ihm alle Willkür abschneidet.

Der Quantität nach muß das reine Phänomen die Allheit der Fälle begreifen, denn es ist das Konstante in allen. Es stellt also, völlig nach dem Sinn der Kategorie, die Einheit in der Mehrheit wiederum her.

Der Qualität nach *limitiert* der rationelle Empirism immer, wie auch das Beispiel aller wahren Naturkündiger lehret, die von einem absoluten Bejahen und Verneinen sich gleich entfernt halten.

Der Relation nach achtet der rationelle Empirism zugleich auf die Kausalität und auf die Unabhängigkeit der Erscheinungen, er sieht die ganze Natur in einer reciproquen Wirksamkeit, alles bestimmt sich wechselweise, und er hütet sich demnach, die Kausalität bloß nach einer einfachen dürftigen *Länge* gelten zu lassen, er nimmt immer auch die Breite mit auf.

Der Modalität nach dringt der rationelle Empirism immer zu der Notwendigkeit hindurch.

Der rationelle Empirism ist, seinem Begriffe nach, zwar nie einem Mißbrauch ausgesetzt, so wie die zwei vorhergehenden Erkenntnisarten; aber vor einem falschen und angeblichen rationellen Empirism ist doch zu warnen. So wie nämlich eine *weise Limitation* den eigentlichen Geist dieses rationellen Empirism ausmacht, so kann eine *feige* und *ängstliche Limitation* den andern hervorbringen. Die Frucht des erstern ist das *reine*, die Frucht des andern das *leere* und *hohle* Phänomen. Ich habe mehrmalen bemerkt, daß bedenkliche schwache Geister aus einem zu weit getriebenen Respekt vor den Gegenständen und deren Mannigfaltigkeit und aus zuweitgetriebener Furcht vor den Seelenkräften ihre Assertionen und Enunziationen zuletzt so einschränken und gleichsam aushöhlen, daß das Resultat Null wird.

Es ist noch sovieles über diese Materie und über Ihre Thesen zu sprechen, daß ich Ihre Hieherkunft erwarte, um noch recht in die Sache hinein zu gehen, denn nur das *Gespräch* hilft mir eigentlich die Vorstellung des andern schnell zu fassen und fest zu halten. In dem Monolog eines Briefes bin ich stets in Gefahr, nur meine Seite zu fassen. Besonders will ich Sie selbst noch mehr über das, was Sie die *mittelbare* Anwendung der Fälle auf Regeln nennen, reden hören.

Meine poetische Arbeit stockt seit drei Tagen, ungeachtet einer ganz guten Stimmung, in der ich war. Eine Verschleimung des Halses, die in unserm Haus von Mann zu Mann herumging, hat endlich auch mich ergriffen, und weil mich dies Übel gerade in einem erhöhten Zustand von Reizbarkeit überraschte, in den mich mein Geschäft versetzt hatte, so hatte ich gestern den ganzen Tag Fieber. Heute ist mir aber der Kopf schon viel freier, und ich hoffe in etlichen Tagen den bösen Gast los zu sein.

Zu dem neuen Xenion gratulier ich. Wir wollen es ja ad Acta legen.

Die tollen Sprünge, welche Herr Posselt vor dem Publikum macht, werden Cotta wahrscheinlich bereichern; denn er schreibt mir, daß er jetzt beinahe schon ganz gedeckt sei.

Man frägt hier sehr, ob Sie in Weimar nicht die Gotterische Oper: die Geisterinsel geben würden.

Hätten Sie jetzt nicht Lust, da Herr Hirt Ihren Aufsatz über Laokoon gewissermaßen antizipiert, diesen Aufsatz in die Horen zu geben?

Leben Sie recht wohl. Meine Frau grüßt. S.

An Schiller

Für die Prüfung meiner Aufsätze nach den Kategorien danke ich zum schönsten, ich werde sie bei meiner Arbeit immer vor Augen haben. Ich finde selbst an der Stimmung, womit ich diese Gegenstände bearbeite, daß ich bald zur edlen Freiheit des Denkens darüber gelangen werde. Ich schematisiere unabläßlich, gehe meine Kollektaneen durch und suche, aus dem Wust von Unnötigem und Falschem, die Phänomene in ihrer sichersten Bestimmung und die reinsten Resultate heraus. Wie froh will ich sein, wenn der ganze Wust verbrannt ist und das Brauchbare davon auf wenig Blättern steht. Die Arbeit war unsäglich, die doch nun schon acht Jahre dauert, da ich kein Organ zur Behandlung der Sache mitbrachte, sondern mir es immer in und zu der Erfahrung bilden mußte. Da wir nun einmal so weit sind, so wollen wir uns die letzte Arbeit nicht verdrießen lassen; stehen Sie mir von der theoretischen Seite bei und so wird es gewiß geschwinder gehen.

Ich lege einen flüchtigen Entwurf zur Geschichte der Farbenlehre bei. Sie werden dabei auch schöne Bemerkungen über den Gang des menschlichen Geistes machen können, er dreht sich in einem gewissen Kreise herum, bis er ihn ausgelaufen hat. Die ganze Geschichte, wie Sie sehen werden, dreht sich um die gemeine, das Phänomen bloß aussprechende Empirie und um den nach Ursachen haschenden Rationalism herum, wenig Versuche einer reinen Zusammenstellung der Phänomene finden sich. Also schreibt uns die Geschichte auch schon selbst vor, was wir zu tun haben. Es wird sich bei der Ausführung etwas recht Interessantes machen lassen. Stehen Sie mir bei weiterm Fortschreiten bei.

Die öftern Rückfälle Ihrer Gesundheit betrüben mich sehr, sowohl um des Leidens als des Verlustes willen. Die milde Witterung verspricht uns für die nächste Zeit noch nichts Gutes.

Cotta ist zu beneiden! er fühlt sich gewiß glücklich, daß so ein herrliches Blatt durch ihn in die Welt geht, wobei der goldne Beifall doppelt willkommen ist. Ich habe es in Weimar sehr in Gang bringen helfen.

Die Gottersche Oper geben wir vorerst noch nicht.

Meinen Aufsatz über Laokoon will ich gelegentlich nochmals durchsehen, und dann wollen wir überlegen, was zu tun sei. Leben Sie recht wohl, grüßen Sie Ihre liebe Frau und haben Sie nochmals Dank für Ihren langen, fördernden Brief.

Weimar, am 20. Januar 1798. G.

⟨Reisen befördert das Denken⟩

Hier gönne man mir eine ins Ganze greifende Bemerkung einzuschalten: daß alles, was uns von Jugend auf umgab, jedoch nur oberflächlich bekannt war und blieb, stets etwas Gemeines und Triviales für uns behält, das wir als gleichgültig neben uns bestehend ansehen, worüber zu denken wir gewissermaßen unfähig werden. Dagegen finden wir, daß neue Gegenstände in auffallender Mannigfaltigkeit, indem sie den Geist erregen, uns erfahren lassen, daß wir eines reinen Enthusiasmus fähig sind; sie deuten auf ein Höheres, welches zu erlangen uns wohl gegönnt sein dürfte. Dies ist der eigentliche Gewinn der Reisen, und jeder hat nach seiner Art und Weise genugsamen Vorteil davon. Das Bekannte wird neu durch unerwartete Bezüge, und erregt, mit neuen Gegenständen verknüpft, Aufmerksamkeit, Nachdenken und Urteil.

*

Um zu begreifen, daß der Himmel überall blau ist, braucht man nicht um die Welt zu reisen.

⟨*Gesellschaftsbeobachtung*⟩

Neapel, den 28. Mai 1787.

Der gute und so brauchbare Volkmann nötigt mich von Zeit zu Zeit von seiner Meinung abzugehen. Er spricht z.B. daß dreißig bis vierzig Tausend Müßiggänger in Neapel zu finden wären, und wer sprichts ihm nicht nach! Ich vermutete zwar sehr bald nach einiger erlangter Kenntnis des südlichen Zustandes daß dies wohl eine nordische Ansicht sein möchte, wo man jeden für einen Müßiggänger hält der sich nicht den ganzen Tag ängstlich abmüht. Ich wendete deshalb vorzügliche Aufmerksamkeit auf das Volk, es mochte sich bewegen oder in Ruhe verharren, und konnte zwar sehr viel übelgekleidete Menschen bemerken, aber keine unbeschäftigten.

Ich fragte deswegen einige Freunde nach den unzähligen Müßiggängern welche ich doch auch wollte kennen lernen; sie konnten mir aber solche eben so wenig zeigen, und so ging ich, weil die Untersuchung mit Betrachtung der Stadt genau zusammenhing, selbst auf die Jagd aus.

Ich fing an mich in dem ungeheuren Gewirre mit den verschiedenen Figuren bekannt zu machen, sie nach ihrer Gestalt, Kleidung, Betragen, Beschäftigung zu beurteilen und zu klassifizieren. Ich fand diese Operation hier leichter als irgendwo, weil der Mensch sich hier mehr selbst gelassen ist und sich seinem Stande auch äußerlich gemäß bezeigt.

Ich fing meine Beobachtung bei früher Tageszeit an, und alle die Menschen die ich hie und da still stehen oder ruhen fand waren Leute, deren Beruf es in dem Augenblick mit sich brachte.

Die *Lastträger*, die an verschiedenen Plätzen ihre privilegierten Stände haben und nur erwarten, bis sich jemand ihrer bedienen will; die *Calessaren,* ihre Knechte und Jungen, die bei den einspännigen Kaleschen, auf großen Plätzen stehen, ihre Pferde besorgen und einem jeden der sie verlangt zu Diensten sind; *Schiffer,* die auf dem Molo ihre Pfeife rauchen; *Fischer,* die an der Sonne liegen, weil vielleicht ein ungünstiger Wind weht, der ihnen auf das Meer auszufahren verbietet. Ich sah auch wohl noch manche hin und wider gehen, doch trug meist ein jeder ein Zeichen seiner Tätigkeit mit sich. Von *Bettlern* war keiner zu bemerken als ganz alte, völlig unfähige und krüppelhafte Menschen. Je mehr ich mich umsah, je genauer ich beobachtete, desto weniger konnt' ich, weder von der geringen, noch von der mittlern Klasse, weder am Morgen, noch den größten Teil des Tages, ja von keinem Alter und Geschlecht eigentliche Müßiggänger finden.

Ich gehe in ein näheres Detail um das was ich behaupte glaubwürdiger und anschaulicher zu machen. Die *kleinsten Kinder* sind auf mancherlei Weise beschäftigt. Ein großer Teil derselben trägt Fische zum Verkauf von *Santa Lucia* in die Stadt; andere sieht man sehr oft in der Gegend des Arsenals, oder wo sonst etwas gezimmert wird wobei es Späne gibt, auch am Meere, welches Reiser und kleines Holz auswirft, beschäftigt sogar die kleinsten Stückchen in Körbchen aufzulesen. Kinder von einigen Jahren, die nur auf der Erde so hinkriechen, in Gesellschaft älterer Knaben von fünf bis sechs Jahren, befassen sich mit diesem kleinen Gewerbe. Sie gehen nachher mit dem Körbchen tiefer in die Stadt und setzen sich mit ihren kleinen Holzportionen gleichsam zu Markte. Der Handwerker, der kleine Bürger kauft es ihnen ab, brennt es auf seinem Dreifuß zu Kohlen, um sich daran zu erwärmen, oder verbraucht es in seiner sparsamen Küche.

Andere Kinder tragen das Wasser der *Schwefelquellen*, welches besonders im Frühjahr sehr stark getrunken wird zum Verkauf herum. Andere suchen einen kleinen Gewinn indem sie Obst, gesponnenen Honig, Kuchen und Zuckerware einkaufen und wieder als kindische Handelsleute den übrigen Kindern anbieten und verkaufen; allenfalls nur um ihren Teil daran umsonst zu haben. Es ist wirklich artig anzusehen, wie ein solcher Junge, dessen ganzer Kram und Gerätschaft in einem Bret und Messer besteht, eine Wassermelone, oder einen halben gebratenen Kürbis herumträgt, wie sich um ihn eine Schar Kinder versammlet, wie er sein Bret niedersetzt und die Frucht in kleine Stücke zu zerteilen anfängt. Die Käufer spannen sehr ernsthaft, ob sie auch für ihr klein Stückchen Kupfergeld genug erhalten sollen, und der kleine Handelsmann traktiert gegen die Begierigen die Sache eben so bedächtig, damit er ja nicht um ein Stückchen betrogen werde. Ich bin überzeugt, daß man bei längerem Aufenthalt noch manche Beispiele solches kindlichen Erwerbes sammlen könnte.

Eine sehr große Anzahl von Menschen, teils mittlern Alters, teils Knaben, welche meistenteils sehr schlecht gekleidet sind, beschäftigen sich das Kehricht auf Eseln aus der Stadt zu bringen. Das nächste Feld um Neapel ist nur Ein Küchengarten und es ist eine Freude zu sehen, welche unsägliche Menge von Küchengewächsen alle Markttage herein geschafft wird und wie die Industrie der Menschen sogleich die überflüssigen, von den Köchen verworfenen Teile wieder in die Felder bringt um den Zirkel der Vegetation zu beschleunigen. Bei der unglaublichen Konsumtion von Gemüse, machen wirklich die Strünke und Blätter von Blumenkohl, Broccoli, Artischocken, Kohl, Salat, Knoblauch einen großen Teil des neapolitanischen Kehrichts aus; diesen wird denn auch besonders nachgestrebt. Zwei große biegsame Körbe hängen auf dem Rücken eines Esels und werden nicht allein ganz voll gefüllt, sondern noch auf jeden mit besonderer Kunst ein Haufen aufgetürmt. Kein Garten kann ohne einen solchen Esel bestehen. Ein Knecht, ein Knabe, manchmal der Patron selbst eilen des Tags so oft als möglich nach der Stadt, die ihnen zu allen Stunden eine reiche Schatzgrube ist. Wie aufmerksam diese Sammler auf den Mist der Pferde und Maultiere sind, läßt sich denken. Ungern verlassen sie die Straße wenn es Nacht wird, und die Reichen die nach Mitternacht aus der Oper fahren, denken wohl nicht, daß schon vor Anbruch des Tages ein emsiger Mensch sorgfältig die Spuren ihrer Pferde aufsuchen wird. Man hat mir versichert, daß ein paar solche Leute die sich zusammen tun, sich einen Esel kaufen und einem größern Besitzer ein Stückchen Krautland abpachten, durch anhaltenden Fleiß in dem glücklichen Klima, in welchem die Vegetation niemals unterbrochen wird, es bald so weit bringen daß sie ihr Gewerbe ansehnlich erweitern.

Ich würde zuweit aus meinem Wege gehen, wenn ich hier von der mannigfaltigen Krämerei sprechen wollte, welche man mit Vergnügen in Neapel, wie in jedem andern großen Orte bemerkt; allein ich muß doch hier von den Herumträgern sprechen, weil sie der letztern Klasse des Volks besonders angehören. Einige gehen herum mit Fäßchen Eiswasser ⟨, Gläsern⟩ und Zitronen, um überall gleich Limonade machen zu können, einen Trank den auch der Geringste nicht zu entbehren vermag; andere mit Kredenztellern, auf welchen Flaschen mit verschiedenen Liqueuren und Spitzgläsern in hölzernen Ringen vor dem Fallen gesichert stehen; andere tragen Körbe allerlei Backwerks, Näscherei, Zitronen und anderes Obst umher und es scheint als wolle jeder das große Fest des Genusses, das in Neapel alle Tage gefeiert wird, mitgenießen und vermehren.

Wie diese Art Herumträger geschäftig sind, so gibt es noch eine Menge kleine Krämer welche gleichfalls herumgehen und, ohne viele Umstände, auf einem Bret in einem Schachteldeckel ihre Kleinigkeiten, oder auf Plätzen, geradezu auf flacher Erde, ihren Kram ausbieten. Da ist nicht von einzelnen Waren die Rede, die man auch in größern Läden fände, es ist der eigentliche Trödelkram. Kein Stückchen Eisen, Leder, Tuch, Leinewand, Filz u.s.w. das nicht wieder als Trödelware zu Markte käme und das nicht wieder von einem oder dem andern gekauft würde. Noch sind viele Menschen der niedern Klasse bei Handelsleuten und Handwerkern als Beiläufer und Handlanger beschäftigt.

Es ist wahr, man tut nur wenig Schritte ohne einem sehr übelgekleideten, ja sogar einem zerlumpten Menschen zu begegnen, aber dies ist deswegen noch kein Faullenzer, kein Tagedieb! Ja ich möchte fast das Paradoxon aufstellen, daß zu Neapel verhältnismäßig vielleicht noch die meiste Industrie in der ganz niedern Klasse zu finden sei. Freilich dürfen wir sie nicht mit einer nordischen Industrie vergleichen, die nicht allein für Tag und Stunde, sondern am guten und heitern Tage für den bösen und trüben, im Sommer für den Winter zu sorgen hat. Dadurch daß der Nordländer zur Vorsorge, zur Einrichtung von der Natur gezwungen wird, daß die Hausfrau einsalzen und räuchern muß um die Küche das ganze Jahr zu versorgen, daß der Mann den Holz- und Fruchtvorrat, das Futter für das Vieh nicht aus der Acht lassen darf u.s.w., dadurch werden die schönsten Tage und Stunden dem Genuß entzogen und der Arbeit gewidmet. Mehrere Monate lang entfernt man sich gern aus der freien Luft und verwahrt sich in Häusern vor Sturm, Regen, Schnee und

Kälte; unaufhaltsam folgen die Jahreszeiten auf einander und jeder der nicht zu Grunde gehen will muß ein Haushälter werden. Denn es ist hier gar nicht die Frage ob er entbehren *wolle*; er darf nicht entbehren wollen, er *kann* nicht entbehren wollen, denn er kann nicht *entbehren*; die Natur zwingt ihn zu schaffen, vorzuarbeiten. Gewiß haben die⟨se⟩ Naturwirkungen, welche sich Jahrtausende gleich bleiben, den Charakter der in so manchem Betracht ehrwürdigen nordischen Nationen bestimmt. Dagegen beurteilen wir die südlichen Völker, mit welchen der Himmel so gelinde umgegangen ist, aus unserm Gesichtspunkte zu streng. Was Herr von *Paw* in seinen Recherches sur les Grecs, bei Gelegenheit da er von den cynischen Philosophen spricht, zu äußern wagt, paßt völlig hieher. Man mache sich, glaubt er, von dem elenden Zustande solcher Menschen nicht den richtigsten Begriff; ihr Grundsatz alles zu entbehren sei durch ein Klima sehr begünstigt das alles gewährt. Ein armer, uns elend scheinender Mensch könne in den dortigen Gegenden die nötigsten und nächsten Bedürfnisse nicht allein befriedigen, sondern die Welt aufs schönste genießen; und eben so möchte ein sogenannter neapolitanischer Bettler die Stelle eines Vicekönigs in Norwegen leicht verschmähen und die Ehre ausschlagen wenn ihm die Kaiserin von Rußland das Gouvernement von Sibirien übertragen wollte.

Gewiß würde in unsern Gegenden ein cynischer Philosoph schlecht ausdauern, da hingegen in südlichen Ländern die Natur gleichsam dazu einladet. Der zerlumpte Mensch ist dort noch nicht nackt; derjenige der weder ein eigenes Haus hat, noch zur Miete wohnt, sondern im Sommer unter den Überdächern⟨,⟩ auf den Schwellen der Paläste und Kirchen, in ⟨den⟩ öffentlichen Hallen die Nacht zubringt und sich bei schlechtem Wetter irgendwo gegen ein geringes Schlafgeld untersteckt, ist deswegen noch nicht verstoßen und elend; ein Mensch noch nicht arm, weil er nicht für den andern Tag gesorgt hat. Wenn man nur bedenkt was das fischreiche Meer, von dessen Produkten sich jene Menschen gesetzmäßig einige Tage der Woche nähren müssen, für eine Masse von Nahrungsmitteln anbietet; wie allerlei Obst und Gartenfrüchte zu jeder Jahreszeit in Überfluß zu haben sind; wie die Gegend worin Neapel liegt den Namen *Terra di Lavoro* (nicht das Land der *Arbeit,* sondern das Land des *Ackerbaues*) sich verdienet hat und die ganze Provinz den Ehrentitel der *glücklichen Gegend (Campagna felice)* schon Jahrhunderte trägt; so läßt sich wohl begreifen wie leicht dort zu leben sein möge.

Überhaupt würde jenes Paradoxon, welches ich oben gewagt habe, zu manchen Betrachtungen Anlaß geben, wenn jemand ein ausführliches Gemälde von Neapel zu schreiben unternehmen sollte; wozu denn freilich kein geringes Talent und manches Jahr Beobachtung erforderlich sein möchte. Man würde alsdann im Ganzen vielleicht bemerken, daß der sogenannte *Lazarone* nicht um ein Haar untätiger ist als alle übrige Klassen, zugleich aber auch wahrnehmen, daß alle in ihrer Art nicht arbeiten um bloß zu *leben,* sondern um zu *genießen,* und daß sie sogar bei der Arbeit des Lebens froh werden wollen. Es erklärt sich hiedurch gar manches: daß die Handwerker beinahe durchaus gegen die nordischen Länder sehr zurück sind; daß Fabriken nicht zu Stande kommen; daß, außer Sachwaltern und Ärzten, in Verhältnis zu der großen Masse von Menschen wenig Gelehrsamkeit angetroffen wird, so verdiente Männer sich auch im einzelnen bemühen mögen; daß kein Maler der neapolitanischen Schule jemals gründlich gewesen und groß geworden ist; daß sich die Geistlichen im Müßiggange am wohlsten sein lassen, und auch die Großen ihre Güter meist nur in sinnlichen Freuden, Pracht und Zerstreuung genießen mögen.

Ich weiß wohl daß dies viel zu allgemein gesagt ist und daß die Charakterzüge jeder Klasse nur erst nach einer genauern Bekanntschaft und Beobachtung rein gezogen werden können, allein im Ganzen würde man doch, glaube ich, auf diese Resultate treffen.

Ich kehre wieder zu dem geringen Volke in Neapel zurück. Man bemerkt bei ihnen, wie bei frohen Kindern denen man etwas aufträgt, daß sie zwar ihr Geschäft verrichten aber auch zugleich einen Scherz aus dem Geschäft machen. Durchgängig ist diese Klasse von Menschen eines sehr lebhaften Geistes und zeigt einen freien richtigen Blick. Ihre Sprache soll figürlich, ihr Witz sehr lebhaft und beißend sein. Das alte Atella lag in der Gegend von Neapel, und wie ihr geliebter Pulcinell noch jene Spiele fortsetzt, so nimmt die ganz gemeine Klasse von Menschen noch jetzt Anteil an dieser Laune.

⟨*Ökonomisch-politische Empirie symbolisch verstehen*⟩

An Schiller

Frankfurt, am 16. August 1797.

Ich bin auf einen Gedanken gekommen den ich Ihnen, weil er für meine übrige Reise bedeutend werden kann, sogleich mitteilen will, um Ihre Meinung zu vernehmen, in wie fern er richtig sein möchte? und in wie fern ich wohl tue, mich seiner Leitung zu überlassen? Ich habe, indem ich meinen ruhigen und kalten Weg des Beobachtens, ja des bloßen Sehens ging, sehr bald bemerkt, daß die Rechenschaft, die ich mir von gewissen Gegenständen gab, eine Art von Sentimentalität hatte, die mir dergestalt auffiel, daß ich dem Grunde nachzudenken sogleich gereizt wurde, und ich habe folgendes gefunden: das, was ich im allgemeinen sehe und erfahre, schließt sich recht gut an alles übrige an, was mir sonst bekannt ist, und ist mir nicht unangenehm, weil es in der ganzen Masse meiner Kenntnisse mitzählt und das Kapital vermehren hilft. Dagegen wüßte ich noch nichts, was mir auf der ganzen Reise nur irgend eine Art von *Empfindung* gegeben hätte, sondern ich bin heute so ruhig und unbewegt, als ich es jemals bei den gewöhnlichsten Umständen und Vorfällen gewesen. Woher denn also diese scheinbare Sentimentalität, die mir um so auffallender ist, weil ich seit langer Zeit in meinem Wesen gar keine Spur, außer der poetischen Stimmung, empfunden habe. Möchte nicht also hier selbst poetische Stimmung sein? bei einem Gegenstande, der nicht ganz poetisch ist, wodurch ein gewisser Mittelzustand hervorgebracht wird.

Ich habe daher die Gegenstände, die einen solchen Effekt

hervorbringen, genau betrachtet und zu meiner Verwunderung bemerkt, daß sie eigentlich symbolisch sind. Das heißt, wie ich kaum zu sagen brauche, es sind eminente Fälle, die in einer charakteristischen Mannigfaltigkeit, als Repräsentanten von vielen andern dastehen, eine gewisse Totalität in sich schließen, eine gewisse Reihe fordern, Ähnliches und Fremdes in meinem Geiste aufregen und so von außen wie von innen an eine gewisse Einheit und Allheit Anspruch machen. Sie sind also, was ein glückliches Sujet dem *Dichter* ist, glückliche Gegenstände für den *Menschen*, und weil man, indem man sie mit sich selbst rekapituliert, ihnen keine *poetische* Form geben kann, so muß man ihnen doch eine *ideale* geben, eine *menschliche* im höhern Sinn, das man auch mit einem so sehr mißbrauchten Ausdruck sentimental nannte, und Sie werden also wohl nicht lachen, sondern nur lächeln, wenn ich Ihnen hiermit zu meiner eignen Verwunderung darlege, daß ich, wenn ich irgend von meinen Reisen etwas für Freunde oder fürs Publikum aufzeichnen soll, wahrscheinlich noch in Gefahr komme, *empfindsame Reisen* zu schreiben. Doch ich würde, wie Sie mich wohl kennen, kein Wort, auch das verrufenste nicht fürchten, wenn die Behandlung mich rechtfertigen, ja wenn ich so glücklich sein könnte, einem verrufenen Namen seine Würde wieder zu geben.

Ich berufe mich auf das, was Sie selbst so schön entwikkelt haben, auf das, was zwischen uns Sprachgebrauch ist, und fahre fort: Wann ist eine sentimentale Erscheinung (die wir nicht verachten dürfen, wenn sie auch noch so *lästig* ist) unerträglich? ich antworte: wenn das Ideale unmittelbar mit dem Gemeinen verbunden wird, es kann dies nur durch eine leere, gehalt- und formlose Manier geschehen, denn beide werden dadurch vernichtet, die Idee und der Gegenstand, jene, die nur bedeutend sein und sich nur mit dem Bedeutenden beschäftigen kann, und dieser, der recht wacker, brav und gut sein kann, ohne bedeutend zu sein.

Bis jetzt habe ich nur zwei solcher Gegenstände gefunden: den Platz, auf dem ich wohne, der in Absicht seiner Lage und alles dessen, was darauf vorgeht, in einem jeden Momente symbolisch ist, und den Raum meines großväterlichen Hauses, Hofes und Gartens, der aus dem beschränktesten, patriarchalischen Zustande, in welchem ein alter Schultheiß von Frankfurt lebte, durch klug unternehmende Menschen zum nützlichsten Waren- und Marktplatz verändert wurde. Die Anstalt ging durch sonderbare Zufälle bei dem Bombardement zugrunde und ist jetzt, größtenteils als Schutthaufen, noch immer das Doppelte dessen wert, was vor 11 Jahren von den gegenwärtigen Besitzern an die Meinigen bezahlt worden. In so fern sich nun denken läßt, daß das Ganze wieder von einem neuen Unternehmer gekauft und hergestellt werde, so sehn Sie leicht, daß es, in mehr als Einem Sinne, als Symbol vieler tausend andern Fälle, in dieser gewerbreichen Stadt, besonders vor meinem Anschauen, dastehen muß.

Bei diesem Falle kommt denn freilich eine liebevolle Erinnerung dazu; wenn man aber, durch diese Fälle aufmerksam gemacht, künftig bei weitern Fortschritten der Reise nicht sowohl aufs *Merkwürdige*, sondern aufs *Bedeutende* seine Aufmerksamkeit richtete, so müßte man, für sich und andere, doch zuletzt eine schöne Ernte gewinnen. Ich will es erst noch hier versuchen, was ich Symbolisches bemerken kann, besonders aber an fremden Orten, die ich zum erstenmal sehe, mich üben. Gelänge das, so müßte man, ohne die Erfahrung in die Breite verfolgen zu wollen, doch, wenn man auf jedem Platz, in jedem Moment, soweit es einem vergönnt wäre, in die

Tiefe ginge, noch immer genug Beute aus bekannten Ländern und Gegenden davon tragen.
Sagen Sie mir Ihre Gedanken hierüber in guter Stunde, damit ich erweitert, befestigt, bestärkt und erfreut werde, die Sache ist wichtig, denn sie hebt den Widerspruch, der zwischen meiner Natur und der unmittelbaren Erfahrung lag, den in früherer Zeit ich niemals lösen konnte, sogleich auf und glücklich, denn ich gestehe Ihnen, daß ich lieber gerad nach Hause zurückgekehrt wäre, um aus meinem Innersten Phantome jeder Art hervorzuarbeiten, als daß ich mich noch einmal, wie sonst (da mir das Aufzählen eines Einzelnen nun einmal nicht gegeben ist) mit der millionfachen Hydra der Empirie herumgeschlagen hätte; denn wer bei ihr nicht Lust oder Vorteil zu suchen hat, der mag sich bei Zeiten zurückziehen.
So viel für heute, ob ich gleich noch ein verwandtes wichtiges Kapitel abzuhandeln hätte, das ich nächstens vornehmen und mir auch Ihre Gedanken darüber erbitten werde. Leben Sie recht wohl, grüßen die Ihrigen und lassen von meinen Briefen, außer den Nächsten, niemand nichts wissen noch erfahren.

Frankfurt, den 17. August 1797. G.

Schillers Antwort vom 7. September

[...] Das sentimentale Phänomen in Ihnen befremdet mich gar nicht, und mir dünkt, Sie selbst haben es sich hinlänglich erklärt. Es ist ein Bedürfnis poetischer Naturen, wenn man nicht überhaupt menschlicher Gemüter sagen will, so wenig Leeres als möglich um sich zu leiden, so viel Welt, als nur immer angeht, sich durch die Empfindung anzueignen, die Tiefe aller Erscheinungen zu suchen und überall ein Ganzes der Menschheit zu fodern. Ist der Gegenstand als Individuum leer und mithin in poetischer Hinsicht gehaltlos, so wird sich das Ideen-Vermögen daran versuchen und ihn von seiner symbolischen Seite fassen, und so eine Sprache für die Menschheit daraus machen. Immer aber ist das Sentimentale (in gutem Sinn) ein Effekt des poetischen Strebens, welches, sei es aus Gründen, die in dem Gegenstand, oder solchen, die in dem Gemüt liegen, nicht ganz erfüllt wird. Eine solche poetische Foderung, ohne eine reine poetische Stimmung und ohne einen poetischen Gegenstand, scheint Ihr Fall gewesen zu sein, und was Sie mithin an Sich erfuhren, ist nichts als die allgemeine Geschichte der sentimentalischen Empfindungsweise und bestätiget alles das, was wir darüber miteinander festgesetzt haben.

Nur eins muß ich dabei noch erinnern. Sie drücken Sich so aus, als wenn es hier sehr auf den Gegenstand ankäme, was ich nicht zugeben kann. Freilich der Gegenstand muß etwas *bedeuten*, so wie der poetische etwas *sein* muß; aber zuletzt kommt es auf das *Gemüt* an, ob ihm ein Gegenstand etwas bedeuten soll, und so däucht mir das Leere und Gehaltreiche mehr im Subjekt als im Objekt zu liegen. Das Gemüt ist es, welches hier die Grenze steckt, und das Gemeine oder Geistreiche kann ich auch hier wie überall nur in der Behandlung, nicht in der Wahl des Stoffes finden. Was Ihnen die zwei angeführten Plätze gewesen sind, würde Ihnen unter andern Umständen, bei einer mehr aufgeschlossenen poetischen Stimmung jede *Straße*, *Brücke*, jedes *Schiff*, ein *Pflug* oder irgend ein anderes mechanisches Werkzeug vielleicht geleistet haben.

Entfernen Sie aber ja diese sentimentalen Eindrücke nicht, und geben Sie denselben einen Ausdruck, so oft Sie können. Nichts, außer dem Poetischen, reinigt das Ge-

müt so sehr von dem Leeren und Gemeinen, als diese Ansicht der Gegenstände, eine Welt wird dadurch in das einzelne gelegt, und die flachen Erscheinungen gewinnen dadurch eine unendliche Tiefe. Ist es auch nicht poetisch, so ist es, wie Sie selbst es ausdrücken, menschlich; und das Menschliche ist immer der Anfang des Poetischen, das nur der Gipfel davon ist.
[...]

*

Das Wahre, mit dem Göttlichen identisch, läßt sich niemals von uns direkt erkennen, wir schauen es nur im Abglanz, im Beispiel, Symbol, in einzelnen und verwandten Erscheinungen; wir werden es gewahr als unbegreifliches Leben und können dem Wunsch nicht entsagen, es dennoch zu begreifen.
Dies gilt von allen Phänomenen der faßlichen Welt, wir aber wollen diesmal nur von der schwer zu fassenden Witterungslehre sprechen.

Über Sprache und Terminologie

751.

Man bedenkt niemals genug, daß eine Sprache eigentlich nur symbolisch, nur bildlich sei und die Gegenstände niemals unmittelbar, sondern nur im Widerscheine ausdrükke. Dieses ist besonders der Fall, wenn von Wesen die Rede ist, welche an die Erfahrung nur herantreten und die man mehr Tätigkeiten als Gegenstände nennen kann, dergleichen im Reiche der Naturlehre immerfort in Bewegung sind. Sie lassen sich nicht festhalten, und doch soll man von ihnen reden; man sucht daher alle Arten von Formeln auf, um ihnen wenigstens gleichnisweise beizukommen.

752.

Metaphysische Formeln haben eine große Breite und Tiefe, jedoch sie würdig auszufüllen, wird ein reicher Gehalt erfordert, sonst bleiben sie hohl. Mathematische Formeln lassen sich in vielen Fällen sehr bequem und glücklich anwenden; aber es bleibt ihnen immer etwas Steifes und Ungelenkes, und wir fühlen bald ihre Unzulänglichkeit, weil wir, selbst in Elementarfällen, sehr früh ein Inkommensurables gewahr werden; ferner sind sie auch nur innerhalb eines gewissen Kreises besonders hiezu gebildeter Geister verständlich. Mechanische Formeln sprechen mehr zu dem gemeinen Sinn, aber sie sind auch gemeiner, und behalten immer etwas Rohes. Sie verwandeln das Lebendige in ein Totes; sie töten das innere Leben, um von außen ein unzulängliches heranzubringen. Korpuskular-Formeln sind ihnen nahe verwandt; das Bewegliche wird starr durch sie, Vorstellung und Ausdruck ungeschlacht.

Dagegen erscheinen die moralischen Formeln, welche freilich zartere Verhältnisse ausdrücken, als bloße Gleichnisse und verlieren sich denn auch wohl zuletzt in Spiele des Witzes.

753.

Könnte man sich jedoch aller dieser Arten der Vorstellung und des Ausdrucks mit Bewußtsein bedienen, und in einer mannigfaltigen Sprache seine Betrachtungen über Naturphänomene überliefern; hielte man sich von Einseitigkeit frei, und faßte einen lebendigen Sinn in einen lebendigen Ausdruck, so ließe sich manches Erfreuliche mitteilen.

754.

Jedoch wie schwer ist es, das Zeichen nicht an die Stelle der Sache zu setzen, das Wesen immer lebendig vor sich zu haben und es nicht durch das Wort zu töten. Dabei sind wir in den neuern Zeiten in eine noch größere Gefahr geraten, indem wir aus allem Erkenn- und Wißbaren Ausdrücke und Terminologien herübergenommen haben, um unsre Anschauungen der einfacheren Natur auszudrücken. Astronomie, Kosmologie, Geologie, Naturgeschichte, ja Religion und Mystik werden zu Hülfe gerufen; und wie oft wird nicht das Allgemeine durch ein Besonderes, das Elementare durch ein Abgeleitetes mehr zugedeckt und verdunkelt, als aufgehellt und näher gebracht. Wir kennen das Bedürfnis recht gut, wodurch eine solche Sprache entstanden ist und sich ausbreitet; wir wissen auch, daß sie sich in einem gewissen Sinne unentbehrlich macht: allein nur ein mäßiger anspruchsloser Gebrauch mit Überzeugung und Bewußtsein kann Vorteil bringen.

755.

Am wünschenswertesten wäre jedoch, daß man die Sprache, wodurch man die Einzelnheiten eines gewissen Kreises bezeichnen will, aus dem Kreise selbst nähme; die einfachste Erscheinung als Grundformel behandelte, und die mannigfaltigern von daher ableitete und entwickelte.

*

Nicht die Sprache an und für sich ist richtig, tüchtig, zierlich, sondern der Geist ist es der sich darin verkörpert; und so kommt es nicht auf einen jeden an, ob er seinen Rechnungen, Reden oder Gedichten die wünschenswerten Eigenschaften verleihen will; es ist die Frage, ob ihm die Natur hiezu die geistigen und sittlichen Eigenschaften verliehen hat. Die geistigen: das Vermögen der An- und Durchschauung, die sittlichen: daß er die bösen Dämonen ablehne, die ihn hindern könnten, dem Wahren die Ehre zu geben.

Zweierlei Arten der Darstellung

Die wissenschaftliche nach innen hat sich zu hüten, daß sie das allgemeine Interesse sich nicht nach und nach selbst verscherze.
Die Wissenschaft nach außen hat sich zu hüten, daß sie ihren Wert, ihr Gründliches, ihren Gehalt nicht verliere.
Die Wissenschaft nach innen kann deskriptiv sein; und bloß auf wörtlicher Mitteilung und Überlieferung beruhen.
Die Wissenschaft nach außen muß vorzeigend sein.
Jene sucht den Gegenstand bis ins Unendliche zu teilen.
Diese unter allgemeine Gesichtspunkte zu bringen.
Jene hält die Eingeweihten fest.
Diese lockt den Fremden und Unwissenden.
Beide widersprechen einander nicht, sondern bieten einander die Hände.
Sobald beide Behandlungsarten im rechten Sinn geführt werden.
Es sind dieses bekannte Wahrheiten, die man aber, wenn von Wissen und Wissenschaft die Rede ist, manchmal wieder dem Gedächtnis und der Überlegung auffrischen muß.

⟨*Zwei Denkweisen*⟩

Montag, den 2. [?] August 1830

Die Nachrichten von der begonnenen Julirevolution gelangten heute nach Weimar und setzten alles in Aufregung. Ich ging im Laufe des Nachmittags zu Goethe. »Nun,« rief er mir entgegen, »was denken Sie von dieser großen Begebenheit? Der Vulkan ist zum Ausbruch gekommen; alles steht in Flammen, und es ist nicht ferner eine Verhandlung bei geschlossenen Türen!«

»Eine furchtbare Geschichte!« erwiderte ich. »Aber was ließ sich bei den bekannten Zuständen und bei einem solchen Ministerium anderes erwarten, als daß man mit der Vertreibung der bisherigen königlichen Familie endigen würde.«

»Wir scheinen uns nicht zu verstehen, mein Allerbester«, erwiderte Goethe. »Ich rede gar nicht von jenen Leuten; es handelt sich bei mir um ganz andere Dinge. Ich rede von dem in der Akademie zum öffentlichen Ausbruch gekommenen, für die Wissenschaft so höchst bedeutenden Streit zwischen Cuvier und Geoffroy de Saint-Hilaire!«

Diese Äußerung Goethes war mir so unerwartet, daß ich nicht wußte, was ich sagen sollte, und daß ich während einiger Minuten einen völligen Stillstand in meinen Gedanken verspürte.

[...]

Principes de Philosophie Zoologique Discutés en Mars 1830 au Sein de l'Académie Royale des Sciences par Mr. Geoffroy de Saint-Hilaire Paris 1830

Bei einer Sitzung der Französischen Akademie, am 22. Februar dieses Jahres, begab sich ein wichtiger Vorfall, der nicht ohne höchst bedeutende Folgen bleiben kann. In diesem Heiligtum der Wissenschaften, wo alles, in Gegenwart eines zahlreichen Publikums, auf das anständigste vorzugehen pflegt, wo man mit der Mäßigung, ja der Verstellung wohlerzogener Personen sich begegnet, bei Verschiedenheit der Meinungen nur mit Maß erwidert, das Zweifelhafte eher beseitigt als bestreitet, hier ereignet sich, über einen wissenschaftlichen Punkt, ein Streit, der persönlich zu werden droht, aber genau besehen weit mehr bedeuten will.

Es offenbart sich hier der immerfortwährende Konflikt zwischen den zwei Denkweisen, in die sich die wissenschaftliche Welt schon lange trennt, der sich auch zwischen unsern nachbarlichen Naturforschern immerfort hinschlich, nun aber diesmal merkwürdig heftig sich hervortut und ausbricht.

Zwei vorzügliche Männer, der perpetuierliche Sekretär der Akademie, Baron Cuvier, und ein würdiges Mitglied, Geoffroy de Saint-Hilaire, treten gegeneinander auf; der erste aller Welt, der zweite den Naturforschern rühmlichst bekannt; seit dreißig Jahren Kollegen an Einer Anstalt, lehren sie Naturgeschichte am Jardin des Plantes, in dem unübersehbaren Felde beide eifrigst beschäftigt, erst gemeinschaftlich arbeitend, aber nach und nach durch Verschiedenheit der Ansichten getrennt und sich eher ausweichend.

Cuvier arbeitet unermüdlich als Unterscheidender, das Vorliegende genau Beschreibender, und gewinnt sich eine Herrschaft über eine unermeßliche Breite. Geoffroy de Saint-Hilaire hingegen ist im stillen um die Analogien der Geschöpfe und ihre geheimnisvollen Verwandtschaften bemüht; jener geht aus dem Einzelnen in ein Ganzes, welches, zwar vorausgesetzt, aber als nie erkennbar betrachtet wird; dieser hegt das Ganze im innern Sinne und lebt in der Überzeugung fort: das Einzelne könne daraus nach und nach entwickelt werden. Wichtig aber ist zu bemerken: daß manches, was diesem in der Erfahrung klar und deutlich nachzuweisen gelingt, von jenem dankbar aufgenommen wird; eben so verschmäht dieser keineswegs was ihm von dorther einzeln Entschiedenes zukommt; und so treffen sie auf mehreren Punkten zusammen, ohne daß sie sich deshalb eine Wechselwirkung zugestehen. Denn eine Voranschauung, Vorahnung des Einzelnen im Ganzen will der Trennende, Unterscheidende, auf der Erfahrung Beruhende, von ihr Ausgehende, nicht zugeben. Dasjenige erkennen und kennen zu wollen, was man nicht mit Augen sieht, was man nicht greifbar darstellen kann, erklärt er nicht undeutlich für eine Anmaßung. Der andere jedoch, auf gewisse Grundsätze haltend, einer hohen Leitung sich überlassend, will die Autorität jener Behandlungsweise nicht gelten lassen.

Nach diesem einleitenden Vortrag wird uns nunmehr wohl niemand verargen, wenn wir das Obengesagte wiederholen: hier sind zwei verschiedene Denkweisen im Spiele, welche sich in dem menschlichen Geschlecht meistens getrennt und dergestalt verteilt finden, daß sie, wie überall, so auch im Wissenschaftlichen schwer zusammen verbunden angetroffen werden und, wie sie getrennt sind, sich nicht wohl vereinigen mögen. Ja es geht so weit, daß, wenn ein Teil von dem andern auch etwas nutzen kann, er es doch gewissermaßen widerwillig aufnimmt. Haben wir die Geschichte der Wissenschaften und eine eigne lange Erfahrung vor Augen, so möchte man befürchten, die menschliche Natur werde sich von diesem Zwiespalt kaum jemals retten können. Wir führen das Vorhergesagte noch weiter aus.

Der Unterscheidende wendet so viel Scharfsichtigkeit an, er bedarf einer ununterbrochenen Aufmerksamkeit, einer bis ins kleinste durchdringenden Gewandtheit, die Abweichungen der Gestalten zu bemerken, und zuletzt gleichfalls der entschiedenen Geistesgabe, diese Differenzen zu benennen, daß man ihm nicht wohl verargen kann, wenn er hierauf stolz ist, wenn er diese Behandlungsweise als die einzig gründliche und richtige schätzen mag.

Sieht er nun gar den Ruhm, der ihm deshalb zu Teil ward, darauf beruhen, so möchte er nicht leicht über sich gewinnen, die anerkannten Vorzüge mit einem andern zu teilen, der sich, wie es scheint, die Arbeit leichter gemacht hat ein Ziel zu erreichen, wo eigentlich nur für Fleiß, Mühe, Anhaltsamkeit der Kranz dargeboten werden sollte.

Freilich glaubt derjenige, der von der Idee ausgeht, sich auch etwas einbilden zu dürfen, er, der einen Hauptbegriff zu fassen weiß, dem sich die Erfahrung nach und nach unterordnet, der in sicherer Zuversicht lebt er werde das, was er hie und da gefunden, und schon im ganzen ausgesprochen hat, gewiß in einzelnen Fällen wieder antreffen. Einem so gestellten Manne haben wir wohl auch eine Art von Stolz, ein gewisses inneres Gefühl seiner Vorzüge nachzusehen, wenn er von seiner Seite nicht nachgibt, am wenigsten aber eine gewisse Geringschätzung ertragen kann, die ihm von der Gegenseite öfters, wenn auch auf eine leise mäßige Art, erzeigt wird.

Was aber den Zwiespalt unheilbar macht, dürfte wohl folgendes sein. Da der Unterscheidende durchaus sich mit dem Faßlichen abgibt, das was er leistet belegen kann, keine ungewöhnlichen Ansichten fordert, niemals was paradox erscheinen möchte vorträgt, so muß er sich ein größeres, ja ein allgemeines Publikum erwerben; dagegen jener sich, mehr oder weniger, als Eremiten findet, der selbst mit denjenigen, die ihm beipflichten, sich nicht immer zu vereinigen weiß. Schon oft ist in der Wissenschaft dieser Antagonismus hervorgetreten, und es muß sich das Phänomen immer wieder erneuern, da, wie wir eben gesehen, die Elemente hiezu sich immer getrennt nebeneinander fortbilden und, wo sie sich berühren, jederzeit eine Explosion verursachen.

Meist geschieht dies nun, wenn Individuen verschiedener Nationen, verschiedenen Alters, oder in sonstiger Entfernung der Zustände, aufeinander wirken. In gegenwärtigem Falle erscheint jedoch der merkwürdige Umstand, daß zwei Männer, im Alter gleich vorgerückt, seit acht und dreißig Jahren Kollegen an einer Anstalt, so lange Zeit auf einem Felde, in verschiedenen Richtungen verkehrend, sich einander ausweichend, sich duldend, jeder für sich fortwirkend, die feinste Lebensart ausübend, doch zuletzt einem Ausbruch, einer endlichen öffentlichen Widerwärtigkeit ausgesetzt und unterworfen werden.

Nachdem wir nun eine Zeitlang im Allgemeinen verweilt, so ist es nun sachgemäß, dem Werke, dessen Titel wir oben angezeigt haben, näher zu treten.

Seit Anfang März unterhalten uns schon die Pariser Tagesblätter von einem solchen Vorfall, indem sie sich dieser oder jener Seite mit Beifall zuneigen. In einigen folgenden Sessionen dauerte der Widerstreit fort, bis endlich Geoffroy de Saint-Hilaire den Umständen angemes-

sen findet, diese Diskussionen aus jenem Kreise zu entfernen und durch eine eigene Druckschrift vor das größere Publikum zu bringen.
Wir haben gedachtes Heft durchgelesen und studiert, dabei aber manche Schwierigkeit zu überwinden gehabt und uns deshalb zu gegenwärtigem Aufsatz entschlossen, damit uns mancher, der gedachte Schrift in die Hand nimmt, freundlich danken möge, daß wir ihm zu einiger Einleitung verhelfen.

[...]

Seit jenen Ereignissen ist nun schon ein Jahr vorüber und man überzeugt sich aus dem Gesagten, daß wir auf die Folge einer so bedeutenden wissenschaftlichen Explosion, selbst nach der großen politischen, aufmerksam geblieben. Jetzt aber, damit das Vorstehende nicht ganz veralte, wollen wir nur soviel erklären, daß wir glauben bemerkt zu haben: es werden die wissenschaftlichen Untersuchungen in diesem Felde zeither bei unsern Nachbarn mit mehr Freiheit und auf eine geistreichere Weise behandelt.

(Goethes letzte zu seinen Lebzeiten zur Publikation abgeschlossene Arbeit)

IV. Kritik der Kausalität

⟨*»Ein Ziegelstein löst sich vom Dache los ...«*⟩

Alle Wirkungen, von welcher Art sie seien, die wir in der Erfahrung bemerken, hängen auf die stetigste Weise zusammen, gehen in einander über; sie undulieren von der ersten bis zur letzten. Daß man sie von einander trennt, sie einander entgegensetzt, sie unter einander vermengt, ist unvermeidlich: doch mußte daher in den Wissenschaften ein grenzenloser Widerstreit entstehen. Starre, scheidende Pedanterie und verflößender Mystizismus bringen beide gleiches Unheil. Aber jene Thätigkeiten, von der gemeinsten bis zur höchsten, vom Ziegelstein, der dem Dache entstürzt, bis zum leuchtenden Geistesblick, der dir aufgeht und den du mitteilst, reihen sie sich an einander. Wir versuchen es auszusprechen:

Zufällig,
Mechanisch,
Physisch,
Chemisch,
Organisch,
Psychisch,
Ethisch,
Religios,
Genial.

Wir haben hier einen zwar wohlüberdachten, doch immer kühn scheinenden Schritt gewagt: die sämtlichen Welterscheinungen in stetiger Folge, wie sie sich aus einander entwickeln, in einander verketten, unbedenklich aufzuzeichnen. Damit aber das, was einigermaßen paradox lauten möchte, bei näherer Überlegung sich dem

Denkenden einschmeichle, führen wir das eingeleitete Beispiel ausführlicher durch.

Ein Ziegelstein löst sich vom Dache los, wir nennen dies im gemeinen Sinne *zufällig*; er trifft die Schultern eines Vorübergehenden doch wohl *mechanisch*; allein nicht ganz mechanisch: er folgt den Gesetzen der Schwere, und so wirkt er *physisch*. Die zerrissenen Lebensgefäße geben sogleich ihre Funktion auf, im Augenblick wirken die Säfte *chemisch*, die elementaren Eigenschaften treten hervor. Allein das gestörte *organische* Leben widersetzt sich ebenso schnell und sucht sich herzustellen; indessen ist das menschliche Ganze mehr oder weniger bewußtlos und *psychisch* zerrüttet, die sich wiederkennende Person fühlt sich *ethisch* im Tiefsten verletzt, sie beklagt ihre gestörte Thätigkeit, von welcher Art sie auch sei; aber ungern ergäbe der Mensch sich in Geduld.

Religios hingegen wird ihm leicht, diesen Fall einer höhern Schickung zuzuschreiben, ihn als Bewahrung vor größerm Übel, als Einleitung zu höherem Guten anzusehen. Dies reicht hin für den Leidenden: aber der Genesende erhebt sich *genial*, vertraut Gott und sich selbst und fühlt sich gerettet, ergreift auch wohl das Zufällige, wendet's zu seinem Vorteil, um einen ewig frischen Lebenskreis zu beginnen.

Lebhafte Frage nach der Ursache, Verwechslung von Ursache und Wirkung, Beruhigung in einer falschen Theorie sind von großer nicht zu entwickelnder Schädlichkeit.

*

Der denkende Mensch irrt besonders, wenn er sich nach Ursach' und Wirkung erkundigt: sie beide zusammen machen das unteilbare Phänomen. Wer das zu erkennen weiß, ist auf dem rechten Weg zum Tun, zur Tat.

*

Die nächsten faßlichen Ursachen sind greiflich und eben deshalb am begreiflichsten: weswegen wir uns gern als mechanisch denken, was höherer Art ist.

*

Der Mensch findet sich mitten unter Wirkungen und kann sich nicht enthalten, nach Ursachen zu fragen; als ein bequemes Wesen greift er nach der nächsten als der besten und beruhigt sich dabei; besonders ist dies die Art des allgemeinen Menschenverstandes.

*

Die Griechen, wenn sie beschrieben oder erzählten, sprachen weder von Ursache noch von Resultat, sondern trugen die äußere Erscheinung vor. Auch in der Naturwissenschaft machten sie keine Versuche wie wir, sondern hielten sich an den einzelnen Erfahrungsfällen.

Versuch einer allgemeinen Vergleichungslehre

Wenn eine Wissenschaft zu stocken und, ohnerachtet der Bemühung vieler tätiger Menschen, nicht vom Flecke zu rücken scheint; so läßt sich bemerken, daß die Schuld oft an einer gewissen Vorstellungsart nach welcher die Gegenstände herkömmlich betrachtet werden, an einer einmal angenommenen Terminologie liege, welchen der große Haufe sich ohne weitere Bedingung unterwirft und nachfolgt und welchen denkende Menschen selbst sich nur einzeln, und nur in einzelnen Fällen schüchtern entziehen.

Von dieser allgemeinen Betrachtung gehe ich gleich zu dem Gegenstande über welchen wir hier behandeln und um sogleich so deutlich als möglich zu sein und mich von meinem Zwecke nicht zu entfernen.

Die Vorstellungsart: daß ein lebendiges Wesen zu gewissen Zwecken nach außen hervorgebracht, und seine Gestalt durch eine absichtliche Urkraft dazu determiniert werde, hat uns in der philosophischen Betrachtung der natürlichen Dinge schon mehrere Jahrhunderte aufgehalten, und hält uns noch auf, obgleich einzelne Männer diese Vorstellungsart eifrig bestritten, die Hindernisse welche sie in den Weg lege gezeigt haben.

Es kann diese Vorstellungsart für sich fromm, für gewisse Gemüter angenehm, für gewisse Vorstellungsarten unentbehrlich sein, und ich finde es weder rätlich, noch möglich, sie im ganzen zu bestreiten. Es ist wenn man sich so ausdrücken darf eine triviale Vorstellungsart, die ebendeswegen wie alle triviale Dinge trivial ist, weil sie der menschlichen Natur im ganzen bequem und zureichend ist.

Der Mensch ist gewohnt die Dinge nur in dem Maße zu schätzen als sie ihm nützlich sind, und da er, seiner Natur und seiner Lage nach, sich für das Letzte der Schöpfung halten muß; warum sollte er auch nicht denken, daß er ihr letzter Endzweck sei. Warum soll sich seine Eitelkeit nicht den kleinen Trugschluß erlauben? Weil er die Sachen braucht und brauchen kann, so folget daraus: sie seien hervorgebracht daß er sie brauche. Warum soll er nicht die Widersprüche die er findet lieber auf eine abenteuerliche Weise heben, als von denen Forderungen in denen er sich einmal befindet nachlassen? Warum sollte er ein Kraut das er nicht nutzen kann nicht Unkraut nennen, da es wirklich nicht an dieser Stelle für ihn existieren sollte? Eher wird er die Entstehung [*der*] Distel die ihm die Arbeit auf seinem Acker sauer macht dem Fluch eines erzürnten guten Wesens, der Tücke eines schadenfrohen bösen Wesens zuschreiben, als ebendiese Distel für ein Kind der großen allgemeinen Natur zu halten, das ihr ebenso nahe am Herzen liegt als der sorgfältig gebauete und so sehr geschätzte Weizen. Ja es läßt sich bemerken daß die billigsten Menschen die sich am meisten zu erheben glauben wenigstens nur bis dahin gelangen, als wenn doch alles wenigstens mittelbar auf den Menschen rückfließen müsse, wenn nicht noch etwa eine Kraft dieses oder jenes Naturwesens entdeckt würde, wodurch es ihm als Arzenei oder auf irgendeine Weise nützlich würde.
Da er nun ferner an sich und an andern mit Recht diejenigen Handlungen und Wirkungen am meisten schätzt welche absichtlich und zweckmäßig sind; so folgt daraus: daß er der Natur, von der er ohnmächtig einen größern Begriff als von sich selbst haben kann auch Absichten und Zwecke zuschreibe.
Glaubt er ferner daß alles was existiert um seinetwillen existiere, alles nur als Werkzeug als Hülfsmittel seines

Daseins existiere, so folgt wie natürlich daraus daß die Natur auch ebenso absichtlich und zweckmäßig verfahren habe, ihm Werkzeuge zu verschaffen wie er sie sich selbst verschafft.

So wird der Jäger, der sich eine Büchse bestellt um das Wild zu erlegen, die mütterliche Vorsorge der Natur nicht genug preisen daß sie von Anfang her den Hund dazu gebildet, daß er das Wild durch ihn einholen könne. Es kommen noch mehr Ursachen dazu warum es überhaupt den Menschen unmöglich ist diese Vorstellungen fahrenzulassen.

Wie sehr aber ein Naturforscher, derjenige der über die allgemeinen Dinge weiterdenken will, Ursache habe sich von dieser Vorstellungsart zu entfernen, können wir an dem bloßen Beispiel der Botanik sehen. Der Botanik als *Wissenschaft* sind die buntesten und gefülltesten Blumen, die eßbarsten und schönsten Früchte nicht mehr, ja im gewissen Sinne nicht einmal so viel wert, als ein verachtetes Unkraut im natürlichen Zustande, als eine trockne unbrauchbare Samenkapsel.

Ein Naturforscher also wird sich nun einmal schon über diesen trivialen Begriff erheben müssen, ja wenn er auch als Mensch jene Vorstellungsart nicht loswerden könnte wenigstens insofern er ein Naturforscher ist, sie soviel als möglich von sich entfernen.

Diese Betrachtung welche den Naturforscher im allgemeinen angeht trifft uns auch hier nur im allgemeinen, eine andere aber die jedoch unmittelbar aus der vorigen fließt geht uns schon näher an. Der Mensch, indem er alle Dinge auf sich bezieht wird dadurch genötigt allen Dingen eine innere Bestimmung nach außen zu geben, und es wird ihm dieses um so bequemer, da ein jedes Ding das leben soll ohne eine vollkommene Organisation gar nicht gedacht werden kann: indem nun diese vollkommene

Organisation nach innen zu höchst rein bestimmt und bedingt ist; so muß sie auch nach außen ebenso reine Verhältnisse finden, da sie auch von außen nur unter gewissen Bedingungen und in gewissen Verhältnissen existieren kann: So sehen wir auf der Erde, in dem Wasser, in der Luft die mannigfaltigsten Gestalten der Tiere sich bewegen, und nach dem gemeinsten Begriffe sind diesen Geschöpfen die Organe angeschaffen, damit sie die verschiedenen Bewegungen hervorbringen und die verschiedenen Existenzen erhalten können. Wird uns aber nicht schon die Urkraft der Natur, die Weisheit eines denkenden Wesens welches wir derselben unterzulegen pflegen, respektabler; wenn wir selbst ihre Kraft bedingt annehmen, und einsehen lernen daß sie ebensogut von außen als nach außen, von innen und nach innen bildet. Der Fisch ist für das Wasser da scheint mir viel weniger zu sagen als: der Fisch ist in dem Wasser und durch das Wasser da; denn dieses letzte drückt viel deutlicher aus, was in dem erstern nur dunkel verborgen liegt, nämlich: die Existenz eines Geschöpfes, das wir Fisch nennen, sei nur unter der Bedingung eines Elementes das wir Wasser nennen möglich, nicht allein, um darin zu sein sondern auch um darin zu werden. Ebendieses gilt von allen übrigen Geschöpfen. Dieses wäre also die erste und allgemeinste Betrachtung von innen nach außen und von außen nach innen. Die entschiedene Gestalt ist gleichsam der innere Kern, welcher durch die Determination des äußern Elements sich verschieden bildet. Eben dadurch erhält ein Tier seine Zweckmäßigkeit nach außen; weil es von außen, so gut als von innen gebildet worden. Und was noch mehr aber natürlich ist, weil das äußere Element die äußere Gestalt eher nach sich, als die innere umbilden kann. Wir können dieses am besten bei den Robbenarten sehen deren Äußeres so viel von der Fischgestalt annimmt wenn ihr Skelett uns noch das vollkommene vierfüßige Tier darstellt.

Wir treten also weder der Urkraft der Natur, noch der Weisheit und Macht eines Schöpfers zu nahe, wenn wir annehmen, daß diese mittelbar zu Werke gehen, jener mittelbar im Anfang der Dinge zu Werke gegangen sei. Ist es nicht dieser großen Kraft anständig, daß sie das Einfache einfach, das Zusammengesetzte zusammengesetzt hervorbringe? Treten wir ihrer Macht zu nahe, wenn wir behaupten: sie habe ohne Wasser keine Fische, ohne Luft keine Vögel, ohne Erde keine übrigen Tiere hervorbringen können, sowenig als sich die Geschöpfe ohne die Bedingung dieser Elemente existierend denken lassen. Gibt es nicht einen schönern Blick in den geheimnisreichern Bau der Bildung? welche, wie nun immer mehr allgemein anerkannt wird, nach einem einzigen Muster gebaut ist, wenn wir nachdem wir das einzige Muster immer genauer erforscht und erkannt haben nunmehr fragen und untersuchen: was wirkt ein allgemeines Element unter seinen verschiedenen Bestimmungen auf ebendiese allgemeine Gestalt? Was wirkt die determinierte und determinierende Gestalt diesen Elementen entgegen? Was entsteht durch diese Wirkung für eine Gestalt der festen, der weicheren, der innersten und der äußersten Teile. Was wie gesagt die Elemente in allen ihren Modifikationen durch Höhe und Tiefe, durch Weltgegenden und Zonen hervorbringen.

Wie vieles ist hier schon vorgearbeitet, wie vieles braucht nur ergriffen und angewandt zu werden, ganz allein auf diesen Wegen.

Und wie würdig ist es der Natur daß sie sich immer derselben Mittel bedienen muß um ein Geschöpf hervorzubringen und zu ernähren; so wird man auf ebendiesen Wegen fortschreiten und, wie man nur erst die unorganisierten, undeterminierten Elemente als Vehikel der unorganisierten Wesen angesehen, so wird man sich nunmehr in der Betrachtung erheben und wird die organisierte Welt wieder als einen Zusammenhang von vielen Elementen ansehen. Das ganze Pflanzenreich z. E. wird uns wieder als ein ungeheures Meer erscheinen, welches ebensogut zur bedingten Existenz der Insekten nötig ist als das Weltmeer und die Flüsse zur bedingten Existenz der Fische, und wir werden sehen, daß eine ungeheure Anzahl lebender Geschöpfe in diesem Pflanzenozean geboren und ernährt werde, ja wir werden zuletzt die ganze tierische Welt wieder nur als ein großes Element ansehen, wo ein Geschlecht auf dem andern und durch das andere, wo nicht entsteht doch [*sich*] erhält. Wir werden uns gewöhnen Verhältnisse und Beziehungen nicht als Bestimmungen und Zwecke anzusehen, und dadurch ganz allein in der Kenntnis wie sich die bildende Natur von allen Seiten und nach allen Seiten äußert weiterkommen. Und man wird sich der Erfahrung überzeugen, wie es bisher der Fortschritt der Wissenschaft bewiesen hat, daß der reellste und ausgebreitetste Nutzen für die Menschen nur das Resultat großer und uneigennütziger Bemühungen sei welche weder taglöhnermäßig ihren Lohn am Ende der Woche fordern dürfen aber auch dagegen ein nützliches Resultat für die Menschheit weder am Ende eines Jahres noch Jahrzehnts noch Jahrhunderts vorzulegen brauchen.

*

Die wahren Weisen fragen, wie sich die Sache verhalte in sich selbst und zu andern Dingen, unbekümmert um den Nutzen, d. h. um die Anwendung auf das Bekannte und zum Leben Notwendige, welche ganz andere Geister, scharfsinnige, lebenslustige, technisch geübte und gewandte, schon finden werden.

⟨*Die Natur ist nicht für den Menschen da*⟩

»Es ist dem Menschen natürlich,« sagte Goethe, »sich als das Ziel der Schöpfung zu betrachten und alle übrigen Dinge nur in bezug auf sich und insofern sie ihm dienen und nützen. Er bemächtiget sich der vegetabilischen und animalischen Welt, und indem er andere Geschöpfe als passende Nahrung verschlingt, erkennet er seinen Gott und preiset dessen Güte, die so väterlich für ihn gesorget. Der Kuh nimmt er die Milch, der Biene den Honig, dem Schaf die Wolle, und indem er den Dingen einen *ihm* nützlichen Zweck gibt, glaubt er auch, daß sie dazu sind geschaffen worden. Ja er kann sich nicht denken, daß nicht auch das kleinste Kraut für *ihn* da sei, und wenn er dessen Nutzen noch gegenwärtig nicht erkannt hat, so glaubt er doch, daß solches sich künftig ihm gewiß entdecken werde.

Und wie der Mensch nun im allgemeinen denkt, so denkt er auch im besonderen, und er unterläßt nicht, seine gewohnte Ansicht aus dem Leben auch in die Wissenschaft zu tragen und auch bei den einzelnen Teilen eines organischen Wesens nach deren Zweck und Nutzen zu fragen.

Dies mag auch eine Weile gehen, und er mag auch in der Wissenschaft eine Weile damit durchkommen; allein gar bald wird er auf Erscheinungen stoßen, wo er mit einer so kleinen Ansicht nicht ausreicht und wo er, ohne höheren Halt, sich in lauter Widersprüchen verwickelt.

Solche Nützlichkeitslehrer sagen wohl: der Ochse habe Hörner, um sich damit zu wehren. Nun frage ich aber: warum hat das Schaf keine? und wenn es welche hat, war-

um sind sie ihm um die Ohren gewickelt, so daß sie ihm zu nichts dienen?
Etwas anderes aber ist es, wenn ich sage: der Ochse wehrt sich mit seinen Hörnern, weil er sie hat.
Die Frage nach dem Zweck, die Frage *Warum?* ist durchaus nicht wissenschaftlich. Etwas weiter aber kommt man mit der Frage *Wie?* Denn wenn ich frage: *wie* hat der Ochse Hörner? so führet mich das auf die Betrachtung seiner Organisation und belehret mich zugleich, warum der Löwe keine Hörner hat und haben kann.
So hat der Mensch in seinem Schädel zwei unausgefüllte hohle Stellen. Die Frage *Warum?* würde hier nicht weit reichen, wogegen aber die Frage *Wie?* mich belehret, daß diese Höhlen Reste des tierischen Schädels sind, die sich bei solchen geringeren Organisationen in stärkerem Maße befinden und die sich beim Menschen, trotz seiner Höhe, noch nicht ganz verloren haben.
Die Nützlichkeitslehrer würden glauben, ihren Gott zu verlieren, wenn sie nicht *den* anbeten sollen, der dem Ochsen die Hörner gab, damit er sich verteidige. Mir aber möge man erlauben, daß ich *den* verehre, der in dem Reichtum seiner Schöpfung so groß war, nach tausendfältigen Pflanzen noch eine zu machen, worin alle übrigen enthalten und nach tausendfältigen Tieren ein Wesen, das sie alle enthält: den Menschen.
Man verehre ferner *den,* der dem Vieh sein Futter gibt und dem Menschen Speise und Trank, so viel er genießen mag; ich aber bete *den* an, der eine solche Produktionskraft in die Welt gelegt hat, daß, wenn nur der millionteste Teil davon ins Leben tritt, die Welt von Geschöpfen wimmelt, so daß Krieg, Pest, Wasser und Brand ihr nichts anzuhaben vermögen. Das ist *mein* Gott!«

V. Interdependenzen

Grundeigenschaft der lebendigen Einheit: sich zu trennen, sich zu vereinen, sich ins Allgemeine zu ergehen, im Besonderen zu verharren, sich zu verwandeln, sich zu spezifizieren und, wie das Lebendige unter tausend Bedingungen sich dartun mag, hervorzutreten und zu verschwinden, zu solideszieren und zu schmelzen, zu erstarren und zu fließen, sich auszudehnen und sich zusammenzuziehen. Weil nun alle diese Wirkungen im gleichen Zeitmoment zugleich vorgehen, so kann alles und jedes zu gleicher Zeit eintreten. Entstehen und Vergehen, Schaffen und Vernichten, Geburt und Tod, Freud und Leid, alles wirkt durcheinander in gleichem Sinn und gleichem Maße; deswegen denn auch das Besonderste, das sich ereignet, immer als Bild und Gleichnis des Allgemeinsten auftritt.

*

Was ist das Allgemeine?
Der einzelne Fall.
Was ist das Besondere?
Millionen Fälle.

*

Das Allgemeine und Besondere fallen zusammen: das Besondere ist das Allgemeine, unter verschiedenen Bedingungen erscheinend.

*

Wissen: Das Bedeutende der Erfahrung, das immer ins Allgemeine hinweist.

*

Der Fehler schwacher Geister ist, daß sie im Reflektieren sogleich vom Einzelnen ins Allgemeine gehen, anstatt daß man nur in der Gesamtheit das Allgemeine suchen kann.

*

Schon jetzt erklären die Meister der Naturwissenschaften die Notwendigkeit monographischer Behandlung und also das Interesse an Einzelheiten. Dies ist aber nicht denkbar ohne eine Methode, die das Interesse an der Gesamtheit offenbart. Hat man das erlangt, so braucht man freilich nicht in Millionen Einzelheiten umherzutasten.

Bedenken und Ergebung

Wir können bei Betrachtung des Weltgebäudes in seiner weitesten Ausdehnung, in seiner letzten Teilbarkeit uns der Vorstellung nicht erwehren, daß dem Ganzen eine Idee zum Grunde liege, wornach Gott in der Natur, die Natur in Gott von Ewigkeit zu Ewigkeit schaffen und wirken möge. Anschauung, Betrachtung, Nachdenken führen uns näher an jene Geheimnisse. Wir erdreisten uns und wagen auch Ideen; wir bescheiden uns und bilden Begriffe, die analog jenen Uranfängen sein möchten.
Hier treffen wir nun auf die eigene Schwierigkeit, die nicht immer klar ins Bewußtsein tritt, daß zwischen Idee und Erfahrung eine gewisse Kluft befestigt scheint, die zu überschreiten unsere ganze Kraft sich vergeblich bemüht. Demungeachtet bleibt unser ewiges Bestreben, diesen Hiatus mit Vernunft, Verstand, Einbildungskraft, Glauben, Gefühl, Wahn und, wenn wir sonst nichts vermögen, mit Albernheit zu überwinden.
Endlich finden wir bei redlich fortgesetzten Bemühungen, daß der Philosoph wohl möchte Recht haben, welcher behauptet, daß keine Idee der Erfahrung völlig kongruiere, aber wohl zugibt, daß Idee und Erfahrung analog sein können, ja müssen.
Die Schwierigkeit, Idee und Erfahrung miteinander zu verbinden, erscheint sehr hinderlich bei aller Naturforschung: die Idee ist unabhängig von Raum und Zeit, die Naturforschung ist in Raum und Zeit beschränkt; daher ist der Idee Simultanes und Sukzessives innigst verbunden, auf dem Standpunkt der Erfahrung hingegen immer getrennt, und eine Naturwirkung, die wir der Idee gemäß als simultan und sukzessiv zugleich denken sollen,

scheint uns in eine Art Wahnsinn zu versetzen. Der Verstand kann nicht vereinigt denken, was die Sinnlichkeit ihm gesondert überlieferte, und so bleibt der Widerstreit zwischen Aufgefaßtem und Ideiertem immerfort unaufgelöst.

Deshalb wir uns denn billig zu einiger Befriedigung in die Sphäre der Dichtkunst flüchten und ein altes Liedchen mit einiger Abwechslung erneuern:

So schauet mit bescheidnem Blick
Der ewigen Weberin Meisterstück,
Wie ein Tritt tausend Fäden regt,
Die Schifflein hinüber herüber schießen,
Die Fäden sich begegnend fließen,
Ein Schlag tausend Verbindungen schlägt.
Das hat sie nicht zusammen gebettelt,
Sie hat's von Ewigkeit angezettelt;
Damit der ewige Meistermann
Getrost den Einschlag werfen kann.

⟨*Interdisziplinarität*⟩

Wir nehmen das Feste, Älteste, Beständigste voraus.
Die Erde besonders im Sinne.
Ihre Grundfesten zuerst zu betrachten.
Ihren Bau, ihre Gestalt
Die Osteologie der Erde.
Die Knochenlehre hat für den bloß sinnlichen Menschen etwas Widerliches.
Dem, der sich zur Kenntnis der organischen Natur erheben will, ist sie unentbehrlich.
Nach vollendeter Einsicht höchst erfreulich und unschätzbar.
So scheinen auch die nackten Gebirge, Steinritzen und Brüche dem natürlichen Auge etwas Unerfreuliches zu haben.
Dem Auge des, der Kenntnis besitzt, offenbaren sie das Innere.
Ja das Äußere, die letzte nützliche und unangenehme Umgebung, wird bequemer und gründlicher erkannt.
Genuß, Empfinden, Wissen, Erkennen, Wissenschaftliches Anschauen. Wiederkehrender Genuß.

Zur Kenntnis der Erde gelangt man auf vielerlei Weise.
Mehrere Wissenschaften müssen zusammen arbeiten.
Die Astronomie zeigt uns das Verhältnis der Erde zu gleichen und ähnlichen Körpern des Weltraumes.
Die mathematische Erdbeschreibung trägt jene großen Himmelsverhältnisse in abstrakten Linien auf die Erdkugel selbst über.
Was uns dadurch deutlich wird.
Die physische Erdbeschreibung zeigt uns den Zustand

der Oberflächen und alles dessen, was darauf vorgeht, und dringt nur der Vollständigkeit wegen in die Tiefen.
Die Geognosie fängt von den erreichbaren Tiefen an und verbindet damit die Kenntniß bis zu den höchsten Gipfeln.
Jene allgemeinen Wissenschaften sind das Element, in dem sie schwebt.
Sie hat mehrere besondre unter sich, aus denen sie sich zusammensetzt und Vorteile zieht.
Wir gehen von der Geognosie aus.
Ohne uns jedoch auf sie allein zu beschränken.
Es soll nach und nach vor unserm geistigen Blick ein Bild der Erde entstehen.
Hier ist die Rede nicht, alles Einzelne zu überliefern, noch das Allgemeine von Grund aus zu behandeln.
Da eine Bekanntschaft damit vorausgesetzt werden kann.
Mehr eine Rekapitulation als eine Belehrung.

Erde, wie wir sie jetzt vor uns gewahr werden.
Auch hier ist eine genetische Betrachtung wünschenswert.
Alles was wir entstanden sehen und eine Succession dabei gewahr werden, davon verlangen wir dieses successive Werden einzusehen.
So wie die wahre Geschichte überhaupt nicht das Geschehene aufzählt; sondern wie sich das Geschehene auseinander entwickelt uns darstellt.

Verlangen im Naturmenschen, von dem Ursprung der Dinge unterrichtet zu sein.
Die Entstehung der Welt und des Menschengeschlechtes.
Anfänge alles religiösen Unterrichts.
Orpheus, später Hesiodus.

Frühere Vorstellung eines chaotischen Zustandes, der aus streitenden Elementen zur Ruhe übergeht.
Darstellung des Ovids.
Vorstellung daß aus ruhendem Elemente die Welt zur Thätigkeit entstanden sei.
Vorstellung der Entstehung der Welt aus den Wassern.
Traf mit der Erfahrung überein.
Man bezog diese Entstehung entweder auf die ganze Welt;
oder auf besondere Länder.
Moses und die Indier.
Diese mythologische Zeit brütete blos über wenigen Phänomenen.
Der Übergang zu den Dokumenten, woraus sich die Entstehung der Welt ableiten ließe, ward sehr spät gemacht.
Auch sucht man gewöhnlicher Dokumente zur Meinung als umgekehrt.

Das Hervortreten der Welt aus den Wassern war in den heiligen Büchern der Juden ausgesprochen.
Eben so das Zurückkommen der Wasser in dem was man Sündflut nannte.
Alte Nachrichten andrer Völker stimmten damit überein.

Man gab die ersten Gebirge als bei der Erschaffung entstanden wohl zu. Dagegen alle organischen Reste, die sich im Steinreiche fanden, sollten von der Sündflut herstammen.
Daher so manche diluvianische Bücher und Abhandlungen.
Die Gegner der heiligen Schriften leugneten im Widerspruch alle Versteinerungen und Voltaire erklärte die sämtlichen versteinerten Muscheln für lusus naturae.

Weitre Blicke über diese Dinge gingen auf.
Was Maillet in seinem Telliamed.
Entwicklung des Ganzen aus dem Wasser.
Gegner, worunter auch Voltaire.
Einstimmende.

Diese Meinung traf mit der Meinung der Theologen zusammen.
Die Welt habe ihren Anfang im Wasser gewonnen und werde durch Feuer untergehen.
Nun zeigten sich unter den Gegnern der Offenbarung Antihydoristen.
Die Entstehung der Welt wird aus dem Feuer erklärt.
Feurige Phänomene auf der Erde.
Sah man als Überbleibsel älterer Wirkungen an.
Freiberger Schule.
Behandlung aller Dokumente in einem Sinn.
Verschiedene Lehren in Verbindung.
Die Entstehung der Erde aus Wasser behielt die Oberhand.
Bis eine partielle Feuer=Meinung eintrat.
Bei Gelegenheit der Basalte.
Welche man vulkanischen Wirkungen zuschrieb.

Vereinigung der Meinungen unmöglich.
Dokumente nicht von jedem.
Nicht in derselben Ordnung.
Nicht mit denselben Augen gesehen.
Notwendiger Gegensatz der Vorstellungsarten.
Gegen hundert verschiedene Theorien der Erdentstehung teils sich einander entgegengesetzt, teils sich einander mehr oder weniger zuneigend.
Ehe wir davon sprechen können, ist es nötig die Dokumente selbst durchzugehen.

Da wo die Meinungen zusammentreffen, es zu bemerken.
Wo sie einander entgegenstehen, die Ursachen, insofern sie im Menschen, oder in den Sachen liegen, anzumerken.

⟨*Regierungsform und Charakter*⟩

Physisch-climatische Einwirkung auf Bildung menschlicher Gestalt und körperlicher Eigenschaften leugnet niemand, aber man denkt nicht immer daran daß Regierungsform eben auch einen moralisch-climatischen Zustand hervorbringe, worin die Charaktere auf verschiedene Weise sich ausbilden. Von der Menge reden wir nicht, sondern von bedeutenden, ausgezeichneten Gestalten.

In der Republik bilden sich große, glückliche, ruhig-rein thätige Charaktere; steigert sie sich zur Aristokratie, so entstehen würdige, consequente, tüchtige, im Befehlen und Gehorchen bewunderungswürdige Männer. Geräth ein Staat in Anarchie, sogleich thun sich verwegene, kühne, sittenverachtende Menschen hervor, augenblicklich gewaltsam wirkend, bis zum Entsetzen, alle Mäßigung verbannend. Die Despotie dagegen schafft große Charaktere; kluge, ruhige Uebersicht, strenge Thätigkeit, Festigkeit, Entschlossenheit, alles Eigenschaften die man braucht um den Despoten zu dienen, entwickeln sich in fähigen Geistern und verschaffen ihnen die ersten Stellen des Staats, wo sie sich zu Herrschern ausbilden. Solche erwuchsen unter Alexander dem Großen, nach dessen frühzeitigem Tode seine Generale sogleich als Könige dastanden. Auf die Caliphen häufte sich ein ungeheures Reich, das sie durch Statthalter mußten regieren lassen, deren Macht und Selbständigkeit gedieh, indem die Kraft der obersten Herrscher abnahm.

⟨*Die gleichmäßige Ausbildung aller Vermögen*⟩

[...] schon früher habe ich an mancher Stelle den Unmut geäußert, den mir in jüngeren Jahren die Lehre von den untern und obern Seelenkräften erregte. In dem menschlichen Geiste sowie im Universum ist nichts oben noch unten, alles fordert gleiche Rechte an einen gemeinsamen Mittelpunkt, der sein geheimes Dasein eben durch das harmonische Verhältnis aller Teile zu ihm manifestiert. Alle Streitigkeiten der Ältern und Neuern bis zur neuesten Zeit entspringen aus der Trennung dessen, was Gott in seiner Natur vereint hervorgebracht. Recht gut wissen wir, daß in einzelnen menschlichen Naturen gewöhnlich ein Übergewicht irgendeines Vermögens, einer Fähigkeit sich hervortut und daß daraus Einseitigkeiten der Vorstellungsart notwendig entspringen, indem der Mensch die Welt nur durch sich kennt und also, naiv anmaßlich, die Welt durch ihn und um seinetwillen aufgebaut glaubt. Daher kommt denn, daß er seine Hauptfähigkeiten an die Spitze des Ganzen setzt und, was an ihm das Mindere sich findet, ganz und gar ableugnen und aus seiner eigenen Totalität hinausstoßen möchte. Wer nicht überzeugt ist, daß er alle Manifestationen des menschlichen Wesens, Sinnlichkeit und Vernunft, Einbildungskraft und Verstand, zu einer entschiedenen Einheit ausbilden müsse, welche von diesen Eigenschaften auch bei ihm die vorwaltende sei, der wird sich in einer unerfreulichen Beschränkung immerfort abquälen und niemals begreifen, warum er so viele hartnäckige Gegner hat und warum er sich selbst sogar manchmal als augenblicklicher Gegner aufstößt.

So wird ein Mann, zu den sogenannten exakten Wissenschaften geboren und gebildet, auf der Höhe seiner Verstandesvernunft nicht leicht begreifen, daß es auch eine exakte sinnliche Phantasie geben könne, ohne welche doch eigentlich keine Kunst denkbar ist. Auch um denselben Punkt streiten sich die Schüler einer Gefühls- und Vernunftreligion; wenn die letzteren nicht eingestehen wollen, daß die Religion vom Gefühl anfange, so wollen die ersten nicht zugeben, daß sie sich zur Vernünftigkeit ausbilden müsse.

⟨*Die wissenschaftliche Tätigkeit als Kunst*⟩

Da im Wissen sowohl als in der Reflexion kein Ganzes zusammengebracht werden kann, weil jenem das Innere, dieser das Äußere fehlt, so müssen wir uns die Wissenschaft notwendig als Kunst denken, wenn wir von ihr irgendeine Art von Ganzheit erwarten. Und zwar haben wir diese nicht im Allgemeinen, im Überschwenglichen zu suchen, sondern wie die Kunst sich immer ganz in jedem einzelnen Kunstwerk darstellt, so sollte die Wissenschaft sich auch jedesmal ganz in jedem einzelnen Behandelten erweisen.

Um aber einer solchen Forderung sich zu nähern, so müßte man keine der menschlichen Kräfte bei wissenschaftlicher Tätigkeit ausschließen. Die Abgründe der Ahnung, ein sicheres Anschauen der Gegenwart, mathematische Tiefe, physische Genauigkeit, Höhe der Vernunft, Schärfe des Verstandes, bewegliche sehnsuchtsvolle Phantasie, liebevolle Freude am Sinnlichen, nichts kann entbehrt werden zum lebhaften fruchtbaren Ergreifen des Augenblicks, wodurch ganz allein ein Kunstwerk, von welchem Gehalt es auch sei, entstehen kann.

〈*»Der Mensch ist genauer als alle Apparate«*〉

An Zelter

Karlsbad, den 22. Juni 1808.

Ihr lieber Brief vom 6. April ist mir erst hier in die Hände gekommen. Die Eberweinischen Gesänge habe ich sogleich zurückgeschickt und Ihre gefällige Rezension abschriftlich nachgeschickt. Wie vorteilhaft würde es diesem jungen Menschen sein, wenn er eine gehörige Zeit unter Ihnen studieren könnte. Jetzt aber widerfährt ihm, was allen Anfängern begegnet: sie gehen in der Irre wie die Schafe, und ein Jeglicher sieht auf seinen Weg.

Für alles Übrige, was Sie auf meine Fragen mir zum Trost und Belehrung sagen, danke ich zum allerschönsten; nur habe ich bei Ihren theoretischen Äußerungen, welche, wie ich recht gut weiß, mit den Überzeugungen der physikalischen und musikalischen Welt übereinstimmen, nach meiner Art etwas zu erinnern. Wie sehr wünschte ich über diese Sache, welche mit andern, die ich ruminiere, so genau zusammenhängt, mit Ihnen zu sprechen, weil sich mir alsdann gewiß einige Hauptknoten lösen würden. Ich lege ein Blatt bei, worauf Ihre Äußerung wiederholt steht, dahinter meine Zweifel, Einwendungen und Fragen, insofern ich mich in einer so komplizierten Sache zusammenfassen konnte. Da ich die Punkte numeriert und eine Abschrift davon behalten habe, so könnten Sie mir nur auch Nummer für Nummer freundlich antworten und ich würde Ihre Aufschlüsse mit meinem Konzept zusammenhalten können.

Schon seit dem 15. Mai bin ich hier, habe die ersten vierzehn Tage bei dem schönsten Wetter auch fleißig genug zugebracht; nachher ist gute Gesellschaft gekommen und schlecht Wetter eingefallen, wodurch denn meine Lebensweise sich verändert hat. Eine dritte Epoche steht mir bevor: schönes Wetter und große Gesellschaft; da ich denn wohl meine Zeit abermals in der Einsamkeit nutzen werde.

Das Exemplar meiner letzten acht Bände ist wohl noch nicht bei Ihnen angekommen. Auch bei seinem etwas späteren Erscheinen werden sie Ihnen hoffentlich willkommen sein. Die Fragmente eines ganzen Lebens nehmen sich freilich wunderlich und inkohärent genug nebeneinander aus; deswegen die Rezensenten in einer gar eigenen Verlegenheit sind, wenn sie mit gutem oder bösem Willen das Zusammengedruckte als ein Zusammengehöriges betrachen wollen. Der freundschaftliche Sinn weiß diese Bruchstücke am besten zu beleben.

Wenn Ihnen das Vossische Sonett zuwider ist, so stimmen wir auch in diesem Punkte völlig überein. Wir haben schon in Deutschland mehrmals den Fall gehabt, daß sehr schöne Talente sich zuletzt in den Pedantismus verloren. Und diesem geht's nun auch so. Für lauter Prosodie ist ihm die Poesie ganz entschwunden.

Und was soll es nun gar heißen, eine einzelne rhythmische Form, das Sonett zum Beispiel, mit Haß und Wut zu verfolgen, da sie ja nur ein Gefäß ist, in das jeder von Gehalt hineinlegen kann, was er vermag? Wie lächerlich ist's, mein Sonett, in dem ich einigermaßen zu ungunsten der Sonette gesprochen, immer wiederzukäuen, aus einer ästhetischen Sache eine Parteisache zu machen und mich auch als Parteigesellen heranzuziehen, ohne zu bedenken, daß man recht gut über eine Sache spaßen und spotten kann, ohne sie deswegen zu verachten und zu verwerfen.

Den beikommenden Gedichten dieser Art wünsche ich bei Ihnen eine desto bessre Aufnahme. Nur bitte ich inständig, sie nicht aus Händen zu geben.

Von hier wüßte ich nun weiter nichts zu schreiben, als daß ich mich recht wohl befinde und auch fleißig bin, wie es gehen will. Sind Ihnen die beiden ersten Hefte des Wiener »Prometheus« zur Hand gekommen, so haben Sie ja auch wohl meiner »Pandora« einen günstigen Blick geschenkt. Im fünften oder sechsten Stück werden Sie dieses hübsche Kind näher kennen lernen. Lesen Sie doch ja: Friedrich Schlegel, »Über die Sprache und Weisheit der Indier«, und bewundern, wie er ein ganz krudes christkatholisches Glaubensbekenntnis mit den herrlichsten Ansichten über Welt-, Menschen- und Kulturgeschichte zu verweben gewußt hat. Man kann dieses Büchlein also auch für eine Deklaration seines Übertritts zur alleinseligmachenden Kirche ansehen. Alles dieses Hokuspokus, es mag nun wirken, wie es will, wird ihm aber doch im Ganzen nichts helfen. Die echte Sinnesart ist zu weit verbreitet und kann nicht mehr untergehen, sie mag sich auch durch Individualitäten soviel modifizieren, als sie will.

G.

[Beilage]

1) Die Molltonart unterscheidet sich von der Durtonart durch die kleine Terz,
Unterscheidet sie sich nicht aber auch durch Verkleinerung oder Verengerung der übrigen Intervalle?
2) welche an die Stelle der großen Terz gesetzt wird.
Dieser Ausdruck kann nur gelten, wenn man von der Durtonart ausgeht. Ein Theorist nordischer Nationen, der von den Molltönen ausginge, könnte ebensogut sagen, die große Terz werde an die Stelle der kleinen gesetzt.

3) Unsre heutige diatonische (natürliche) Tonleiter
Daß die diatonische Tonleiter allein natürlich sei, dagegen geht eigentlich meine Opposition.
4) entspringt aus der Teilung der Saite. Teilt man diese in die Hälfte etc. etc.
Daß die Teilung der Saite in bestimmbare Teile Klänge hervorbringt, die für das Ohr harmonisch sind, ist ein sehr hübsches Experiment, das denn auch eine gewisse Tonleiter begründen möchte; aber was auf diese Weise nicht gelingt, sollte es nicht auf eine andre Weise möglich sein?
5) Man mag aber die Saite in so viel Teile teilen, als man will, so entsteht niemals eine kleine Terz, obgleich man dieser dadurch immer näher kommen kann.
Es ist von einem Experiment zu viel gefordert, wenn es alles leisten soll. Konnte man doch die Elektrizität erst nur durch Reiben darstellen, deren höchste Erscheinung jetzt durch bloße Berührung hervorgebracht wird. Man müßte auf ein Experiment ausgehen, wodurch man die Molltöne gleichfalls als ursprünglich darstellen könnte.
6) Demnach ist diese kleine Terz kein unmittelbares donum der Natur, sondern ein Werk neuerer Kunst,
Ich leugne die Folgerung, da ich die Vordersätze nicht zugebe.
7) und man muß sie als eine erniedrigte große Terz betrachten,
Dieses ist eine Ausflucht, deren sich die Theoristen gewöhnlich zu bedienen pflegen; wenn sie etwas die Natur Beschränkendes festgesetzt haben: denn alsdann müssen sie auf eine sehr paradoxe Weise, was sie einmal behauptet, wieder aufheben und vernichten. Wenn eine große Terz ein Intervall ist, das uns die Natur gibt, wie kann man sie erniedrigen, ohne sie zu zerstören? Wie viel und wie wenig kann man sie erniedrigen, daß es keine große Terz und doch eine Terz sei? und wo hört sie denn über-

haupt auf, noch eine Terz zu sein? Mein supponierter nordischer Theorist würde mit eben dem Rechte sagen, die große Terz sei eine erhöhte kleine.

8) wie sie denn auch von den strengsten Komponisten wie ein konsonierendes Intervall behandelt worden,

Hier tritt ja deutlich der Fall ein, der in der Kunst und Technik so oft vorkommt, daß sich der praktische Sinn von einer theoretischen Beschränkung ohne viel Komplimente zu retten weiß.

9) das heißt: sie darf überall, wie die große Terz, frei und unpräpariert eintreten, was in einem reinen Stile keine Dissonanz darf.

Wenn sie als konsonierendes Intervall behandelt wird, so ist sie konsonierend: denn dergleichen läßt sich durch Konvention nicht erst festsetzen. Wenn sie frei und unpräpariert eintreten darf, so ist sie keine Dissonanz: sie ist von Natur harmonisch und ebenso alles, was wieder aus ihr entspringt.

Hier tritt eine oben schon berührte, bei der ganzen Naturforschung höchst merkwürdige Betrachtung ein. Der Mensch an sich selbst, insofern er sich seiner gesunden Sinne bedient, ist der größte und genaueste physikalische Apparat, den es geben kann. Und das ist eben das größte Unheil der neuern Physik, daß man die Experimente gleichsam vom Menschen abgesondert hat und bloß in dem, was künstliche Instrumente zeigen, die Natur erkennen, ja was sie leisten kann, dadurch beschränken und beweisen will. Ebenso ist es mit dem Berechnen. Es ist vieles wahr, was sich nicht berechnen läßt so wie sehr vieles, was sich nicht bis zum entschiedenen Experiment bringen läßt. Dafür steht ja aber der Mensch so hoch, daß sich das sonst Undarstellbare in ihm darstellt. Was ist denn eine Saite und alle mechanische Teilung derselben gegen das Ohr des Musikers? ja man kann sagen: was sind die elementaren Erscheinungen der Natur selbst gegen den Menschen, der sie alle erst bändigen und modifizieren muß, um sie sich einigermaßen assimilieren zu können? Doch in diese Betrachtungen will ich mich diesmal nicht verlieren; ich behalte mir vor, nächstens besonders darüber zu reden sowie noch über einige andre Punkte mir Auskunft zu erbitten.

Ein Gleichnis als Nachschrift

Alle Künste, indem sie sich nur durch Ausüben und Denken, durch Praxis und Theorie heraufarbeiten konnten, kommen mir vor wie Städte, deren Grund und Boden, worauf sie erbaut sind, man nicht mehr entziffern kann. Felsen wurden weggesprengt, eben diese Steine zugehauen und Häuser daraus gebaut. Höhlen fand man sehr gelegen und bearbeitete sie zu Kellern. Wo der feste Grund ausging, grub und mauerte man ihn; ja vielleicht traf man gleich neben dem Urfelsen ein grundloses Sumpffleck, wo man Pfähle einrammen und Rost schlagen mußte. Wenn das nun alles fertig und bewohnbar ist, was läßt sich nun als Natur und was als Kunst ansprechen? Wo ist das Fundament und wo die Nachhülfe? Wo der Stoff? wo die Form? Wie schwer ist es alsdann, Gründe anzugeben, wenn man behaupten will, daß in den frühsten Zeiten, wenn man gleich das Ganze übersehen hätte, die sämtlichen Anlagen natur-, kunst- und zweckgemäßer hätten gemacht werden können! Betrachtet man das Klavier, die Orgel, so glaubt man die Stadt meines Gleichnisses zu sehen. Wollte Gott, ich könnte auch einmal an Ihrer Seite meine Wohnung dort aufschlagen und zum wahren Lebensgenuß gelangen, wobei ich alle Fragen über Natur und Kunst, über Theorie und Praxis herzlich gern vergessen möchte.

⟨*Das Teleskop und die Sinne*⟩

Nach einigen Stunden ließ der Astronom seinen Gast die Treppen zur Sternwarte sich hinaufwinden, und zuletzt allein auf die völlig freie Fläche eines runden hohen Turmes heraustreten. Die heiterste Nacht, von allen Sternen leuchtend und funkelnd, umgab den Schauenden, welcher zum erstenmale das hohe Himmelsgewölbe in seiner ganzen Herrlichkeit zu erblicken glaubte. Denn im gemeinen Leben, abgerechnet die ungünstige Witterung die uns den Glanzraum des Äthers verbirgt, hindern uns zu Hause bald Dächer und Giebel, auswärts bald Wälder und Felsen, am meisten aber überall die inneren Beunruhigungen des Gemüts, die uns alle Umwelt mehr als Nebel und Mißwetter zu verdüstern sich hin und herbewegen.

Ergriffen und erstaunt hielt er sich beide Augen zu. Das Ungeheure hört auf erhaben zu sein, es überreicht unsre Fassungskraft, es droht uns zu vernichten. Was bin ich denn gegen das All? sprach er zu seinem Geiste: wie kann ich ihm gegenüber, wie kann ich in seiner Mitte stehen? Nach einem kurzen Überdenken jedoch fuhr er fort: das Resultat unsres heutigen Abends lös't ja auch das Rätsel des gegenwärtigen Augenblicks. Wie kann sich der Mensch gegen das Unendliche stellen, als wenn er alle geistigen Kräfte die nach vielen Seiten hingezogen werden in seinem Innersten, Tiefsten versammelt, wenn er sich fragt: darfst du dich in der Mitte dieser ewig lebendigen Ordnung auch nur denken, sobald sich nicht gleichfalls in dir ein beharrlich Bewegtes, um einen reinen Mittelpunkt kreisend, hervortut? Und selbst wenn es dir schwer würde diesen Mittelpunkt in deinem Busen aufzufinden, so würdest du ihn daran erkennen, daß eine wohlwollende, wohltätige Wirkung von ihm ausgeht und von ihm Zeugnis gibt.

Wer soll, wer kann aber auf sein vergangenes Leben zurückblicken, ohne gewissermaßen irre zu werden, da er meistens finden wird, daß sein Wollen richtig, sein Tun falsch, sein Begehren tadelhaft und sein Erlangen dennoch erwünscht gewesen?

Wie oft hast du diese Gestirne leuchten gesehen und haben sie dich nicht jederzeit anders gefunden? sie aber sind immer dieselbigen und sagen immer dasselbige: wir bezeichnen, wiederholen sie, durch unsern gesetzmäßigen Gang, Tag und Stunde; frage dich auch wie verhältst du dich zu Tag und Stunde? – Und so kann ich denn diesmal antworten: des gegenwärtigen Verhältnisses hab' ich mich nicht zu schämen, meine Absicht ist, einen edlen Familienkreis in allen seinen Gliedern erwünscht verbunden herzustellen; der Weg ist bezeichnet. Ich soll erforschen, was edle Seelen auseinander hält, soll Hindernisse wegräumen von welcher Art sie auch seien. Dies darfst du vor diesen himmlischen Heerscharen bekennen; achteten sie deiner, sie würden zwar über deine Beschränktheit lächeln, aber sie ehrten gewiß deinen Vorsatz und begünstigten dessen Erfüllung.

Bei diesen Worten und Gedanken wendete er sich umher zu sehen, da fiel ihm Jupiter in die Augen, das Glücksgestirn, so herrlich leuchtend als je; er nahm das Omen als günstig auf und verharrte freudig in diesem Anschauen eine Zeit lang.

Hierauf sogleich berief ihn der Astronom herabzukommen und ließ ihn eben dieses Gestirn durch ein vollkommenes Fernrohr, in bedeutender Größe, begleitet von seinen Monden, als ein himmlisches Wunder anschauen.

Als unser Freund lange darin versunken geblieben, wendete er sich um und sprach zu dem Sternfreunde: »Ich weiß nicht, ob ich Ihnen danken soll, daß Sie mir dieses Gestirn so über alles Maß näher gerückt. Als ich es vorhin sah, stand es im Verhältnis zu dem übrigen unzähligen des Himmels und zu mir selbst; jetzt aber tritt es in meiner Einbildungskraft unverhältnismäßig hervor und ich weiß nicht, ob ich die übrigen Scharen gleicherweise heranzuführen wünschen sollte. Sie werden mich einengen, mich beängstigen.«

So erging sich unser Freund nach seiner Gewohnheit weiter und es kam bei dieser Gelegenheit manches Unerwartete zur Sprache. Auf einiges Erwidern des Kunstverständigen versetzte Wilhelm: »ich begreife recht gut, daß es euch Himmelskundigen die größte Freude gewähren muß, das ungeheure Weltall nach und nach so heranzuziehen wie ich hier den Planeten sah und sehe. Aber erlauben Sie mir es auszusprechen: ich habe im Leben überhaupt und im Durchschnitt gefunden, daß diese Mittel, wodurch wir unsern Sinnen zu Hülfe kommen, keine sittlich günstige Wirkung auf den Menschen ausüben. Wer durch Brillen sieht, hält sich für klüger als er ist, denn sein äußerer Sinn wird dadurch mit seiner innern Urteilsfähigkeit außer Gleichgewicht gesetzt; es gehört eine höhere Kultur dazu, deren nur vorzügliche Menschen fähig sind, ihr Inneres, Wahres mit diesem von außen herangerückten Falschen einigermaßen auszugleichen. So oft ich durch eine Brille sehe, bin ich ein anderer Mensch und gefalle mir selbst nicht; ich sehe mehr als ich sehen sollte, die schärfer gesehene Welt harmoniert nicht mit meinem Innern und ich lege die Gläser geschwind wieder weg, wenn meine Neugierde, wie dieses oder jenes in der Ferne beschaffen sein möchte, befriedigt ist.«

Auf einige scherzhafte Bemerkungen des Astronomen fuhr Wilhelm fort: »Wir werden diese Gläser so wenig als irgend ein Maschinenwesen aus der Welt bannen, aber dem Sittenbeobachter ist es wichtig zu erforschen und zu wissen, woher sich manches in die Menschheit eingeschlichen hat, worüber man sich beklagt. So bin ich z. B. überzeugt, daß die Gewohnheit Annäherungsbrillen zu tragen an dem Dünkel unserer jungen Leute hauptsächlich Schuld hat.«

VI. Die Morphologie

INSEL

Neue Bücher 2. Halbjahr 1994

Romane · Erzählungen · Gedichte
Japanische Bibliothek
Biographien · Weltliteratur
Kultur und Geschichte
Kosmologie
Kalender
Insel-Bücherei
insel taschenbücher

Paolo Maurensig
Die Lüneburg-Variante

Roman
Aus dem Italienischen von
Irmela Arnsperger
216 Seiten. Gebunden
ca. DM 36,–/öS 281,–/sFr. 37.–
(August 94)

Ein großer Meister des Schachspiels, Kasparow, hat einmal gesagt: »Schach ist der gewalttätigste Sport, den es gibt.« Ein Pistolenschuß beendet das Leben eines deutschen Unternehmers. Handelt es sich um einen Unfall? Um Selbstmord? Mord? Die Vollstreckung eines Urteils? Die zutreffende Antwort lautet: Es handelt sich um einen letzten Schachzug. Hinter dem Todesfall enthüllt Maurensigs Roman ein Inferno. Trocken, spannend, glänzend beschrieben, liefert *Die Lüneburg-Variante* den Beweis mit einer Geschichte, die abläuft wie eine grausame Schachpartie.

György Dalos
Der Versteckspieler

Gesellschaftsroman
Aus dem Ungarischen von György Dalos
und Elsbeth Zylla
Etwa 312 Seiten. Gebunden
ca. DM 39,80/öS 311,–/sFr. 40.80
(August 94)

Der Entwicklungsroman eines Mannes im Hin und Her der ungarischen Politik, eine sympathische Taugenichtsgeschichte im schlampigen Sozialismus ungarischer Provenienz und nicht zuletzt ein erotische Buch.

Penelope Fitzgerald
Das Engelstor

Roman
Aus dem Englischen von Christa Krüger
192 Seiten. Leinen
ca. DM 32,–/öS 250,–/sFr. 33.–
(September 94)

Cambridge 1912: Ein harmloser Fahrradunfall bringt die Welt eines jungen Wissenschaftlers durcheinander. Er verliebt sich – und das läßt sich mit den Gesetzen der Physik nicht erklären...

insel taschenbücher

ABSEITS BIS ZWEIKAMPF
Ein Fußball-ABC von Klaus Stein
it 1630. DM 14,80/öS 116,–/
sFr. 15.80 (Juli 94)

MODERNES MUSEUM
Bilder, Objekte, Installationen
im Museum für Moderne Kunst
Frankfurt am Main
Von Michael Hierholzer
it 1647. ca. DM 18,80/öS 147,–/
sFr. 19.80 (August 94)

KURZ VOR MITTERNACHT
Von Machado de Assis
it 1654. ca. DM 12,80/öS 100,–/
sFr. 13.80 (Oktober 94)

WEIHNACHTSERZÄHLUNGEN
DES 20. JAHRHUNDERTS
it 1648. ca. DM 12,80/öS 100,–/
Fr. 13.80 (Oktober 94)

MÄRCHEN ZUR WEIHNACHT
it 1649. ca. DM 12,80/öS 100,–/
sFr. 13.80 (Oktober 94)

GOETHES REDEN
it 1650. ca. DM 16,80/öS 131,–/
sFr. 17.80 (November 94)

JEAN ORIEUX
DAS LEBEN DES VOLTAIRE
it 1651. ca. DM 34,80/öS 272,–/
sFr. 35.80 (November 94)

VOLTAIRE
LEBEN UND WERK
it 1652. ca. DM 19,80/öS 155,–/
sFr. 20.80 (November 94)

RENOIR
Von Julius Meier-Graefe
it 1653. ca. DM 18,80/öS 147,–/
sFr. 19.80 (November 94)

SENECA FÜR MANAGER
Sentenzen
it 1656. ca. DM 12,80/öS 100,–/
sFr. 13.80 (November 94)

KREUZWORTRÄTSEL
Von beb.
it 1655. ca. DM 12,80/öS 100,–/
sFr. 13.80 (November 94)

ISABEL ALLENDE
DAS GEISTERHAUS
it 2341. ca. DM 24,80/öS 194,–/
sFr. 25.80. Großdruck (November 94)

FRIEDRICH CRAMER
SPIEL DER SYNAPSEN
Gedichte und Prosa
it 1657. ca. DM 14,80/öS 116,–/
sFr. 15.80 (November 94)

ELIZABETH VON ARNIM
JASMINHOF
it 1677. ca. DM 16,80/öS 131,–/
sFr. 17.80 (Dezember 94)

ARTHUR SCHOPENHAUER
DIE KUNST, RECHT ZU BEHALTEN
it 1658. ca. DM 12,80/öS 100,–/
sFr. 13.80 (Dezember 94)

THEODOR FONTANE
LEBEN UND WERK
Von Otto Drude
it 1660. ca. DM 19,80/öS 155,–/
sFr. 20.80 (Dezember 94)

DIE FAMILIE MENDELSSOHN
1729–1847, nach Briefen und
Tagebüchern herausgegeben von
Sebastian Hensel
it 1671. ca. DM 29,80/öS 233,–/
sFr. 30.80 (Dezember 94)

GOETHE
DER HEILKUNDIGE DICHTER
Von Frank Nager
it 1672. ca. DM 19,80/öS 155,–/
sFr. 20.80 (Dezember 94)

GOLEM!
it 1674. ca. DM 18,80/öS 147,–/
sFr. 19.80 (Dezember 94)

STREICHHOLZSPIELE
Von Dieter Vogt
it 1673. ca. DM 12,80/öS 100,–/
sFr. 13.80 (Dezember 94)

Frankfurter Anthologie

Gedichte und Interpretationen
Siebzehnter Band
Herausgegeben von Marcel Reich-Ranicki
Etwa 312 Seiten. Leinen
ca. DM 36,–/öS 281,–/sFr. 37.–
(Oktober 94)

»Eine Großanthologie deutschsprachiger Gedichte von den Anfängen bis zur Gegenwart, neben der es keine vergleichbare gibt.«
Hans Bender

Insel Almanach auf das Jahr 1995

Mit einem Verzeichnis ausgewählter Bücher aus dem Insel Verlag
Etwa 200 Seiten. Broschur
ca. DM 16,–/öS 131,–/sFr. 17.–
(November 94)

Erzählungen und Essays, Briefe und Aphorismen, klassische und Literatur der Gegenwart. Einsichten und Überblicke, Information und Lesevergnügen: der neue Insel-Almanach.

Uno Chiyo
Die Geschichte einer gewissen Frau

Erzählung
Aus dem Japanischen übertragen und mit einem Nachwort versehen von Barbara Yoshida-Krafft
168 Seiten. Leinen
ca. DM 39,80/öS 311,–/sFr. 40.80
(September 94)

Die siebzigjährige Kazue blickt auf ein freies, skandalbehaftetes Leben zurück, das mit vielen Tabus der japanischen Gesellschaft gebrochen hat. Eine autobiographische Erzählung.
Uno Chiyo ist heute, 97jährig, eine gefeierte, mit Preisen und einem hohen Orden ausgezeichnete Schriftstellerin. Wie ein japanischer Kritiker bewundernd sagt, hat sie die moderne japanische Literatur um eine neue und zudem weibliche Schreibweise bereichert.

Tanizaki Junichiro
Die geheime Geschichte des Fürsten von Musashi

Roman
Aus dem Japanischen von Josef Bohaczek
Mit einem Nachwort von Irmela Hijiya-Kirschnereit
216 Seiten. Leinen
ca. DM 39,80/öS 311,–/sFr. 40.80
(September 94)

Tanizaki, überragender Meister der Psychologie und in der Beschreibung sexueller Obsessionen, erzählt die Geschichte eines Feldherrn im kriegsdurchtobten Japan des 16. Jahrhunderts. Eine historische Novelle.

Dagmar von Gersdorff
Marie Luise Kaschnitz

Sonderausgabe
Etwa 372 Seiten. Leinen
ca. DM 32,–/öS 250,–/sFr. 33.–
(September 94)

»Mit Dagmar von Gersdorffs Biographie ... sind uns Leben und Werkentwicklung einer wahren Leitfigur für die Nachkriegsdichtung überschaubarer und anschaulicher geworden.«

Frankfurter Allgemeine Zeitung

Rainer Maria Rilke
Briefe an Schweizer Freunde

Erweiterte und kommentierte Ausgabe
Herausgegeben von Rätus Luck unter Mitwirkung von Hugo Sarbach
Etwa 780 Seiten. Leinen
ca. DM 98,–/öS 765,–/sFr. 98.–
(Oktober 94)

Wie ein fortlaufender Kommentar zum letzten Kapitel von Rilkes Biographie reflektieren die Briefe dieses Bandes Arbeits- und Lebensumstände des Dichters in seinen Schweizer Jahren.

Rainer Maria Rilke
Jahreszeiten

Zusammengestellt von Vera Hauschild
Etwa 160 Seiten. Leinen
(Format 10,5 × 19,5 cm)
ca. DM 24,80/öS 194,–/sFr. 25.80
(Oktober 94)

Ein Buch zur Besinnung, zum Innehalten; Zeugnis von Rilkes Versuch, in unserem Jahrhundert des Schreckens Zuversicht aus der liebevollen Begegnung mit allem Natürlichen zu gewinnen.

Lou Andreas-Salomé
Friedrich Nietzsche in seinen Werken

Mit Anmerkungen von Thomas Pfeiffer
Herausgegeben von Ernst Pfeiffer
Erweiterte Neuausgabe
Etwa 376 Seiten. Leinen
ca. DM 38,–/öS 297,–/sFr. 39.–
(September 94)

Lou Andreas-Salomés Nietzsche-Buch fasziniert durch jene vorbehaltlose persönliche Kenntnis Nietzsches, die vom Ursprung her, vom Erleben, ein Verstehen ermöglicht, das über jede nur werkimmanente Aneignung hinausgeht.
Die Neuausgabe dieses Buches erscheint anläßlich des 150. Geburtstags von Friedrich Nietzsche.

Heinrich Hoffmann
Lebenserinnerungen

Herausgegeben von G. H. Herzog und Helmut Siefert unter Mitarbeit von Marion Herzog-Hoinkis
365 Seiten. Leinen
ca. DM 39,80/öS 311,–/sFr. 40.80
(September 94)

Die Lebenserinnerungen Heinrich Hoffmanns (1809–1894), des volkstümlichen Frankfurter Nervenarztes, Reformers der Psychiatrie und weltberühmten Kinderbuchautors des Struwelpeter.

Geduld bringt Frieden
Mystische Losung für jeden Tag

Ein Kalender
Unter Mitwirkung von Freunden der Mystik zusammengestellt und herausgegeben von Wolfgang Böhme
176 Seiten. Leinen
(Format 10,5 × 19,5 cm)
DM 16,80/öS 131,–/sFr. 17.80
(September 94)

Ein Kalender für das Jahr 1995, eine mystische Losung für jeden Tag, mit Texten von Mechthild von Magdeburg, Hildegard von Bingen, Meister Eckhart, Johannes Tauler, Augustinus, Jakob Böhme, Bernhard von Clairvaux u. v. a.

CalenDarium
Hermann Hesse 1995

ca. DM 9,80/öS 77,–/sFr. 10.80
(Oktober 94)

Mit dem CalenDarium stellt der Insel Verlag eine neue Kalenderidee vor: dekorative, aufstellbare Tischkalender in Format und Gestalt kleiner Compact Discs. Mit Farbreproduktionen von Aquarellen Hermann Hesses erscheint nun erstmals ein handliches Kleinkalendarium mit 12 farbigen Aquarellen, Gedichten und Leitgedanken aus Hesses Werk. Das CalenDarium *Hermann Hesse 1995* ist ein anregender Begleiter durch das Jahr und ein ideales Geschenk nicht nur für Hesse-Freunde.

CalenDarium
Autoren 1995

ca. DM 9,80/öS 77,–/sFr. 10.80
(Oktober 94)

Die bekanntesten Schwarzweißfotografien bedeutender Autorinnen und Autoren unseres Jahrhunderts präsentiert das CalenDarium *Autoren 1995*.

Insel-Bücherei

Rainer Maria Rilke
Wie soll ich meine Seele halten

Liebesgedichte
Insel-Bücherei Nr. 1150
ca. DM 16,80/öS 131,–/sFr. 17.80
(Oktober 94)

Frank Wedekind
Mine-Haha

Insel-Bücherei Nr. 1148
ca. DM 19,80/öS 155,–/sFr. 20.80
(Oktober 94)

Johann Wolfgang Goethe
Skizze zu einer Schilderung Winckelmanns

Insel-Bücherei Nr. 1149
ca. DM 18,80/öS 147,–/sFr. 19.80
(Oktober 94)

Johann Wolfgang Goethe
Gedichte

Mit Illustrationen von Ernst Barlach, Max Liebermann, Hans Meid und Karl Walser
Vier Bände in einer Kassette
Insel-Bücherei Nr. 1144–1147
ca. DM 64,–/öS 499,–/sFr. 64.–
(Oktober 94)

Mitteilungen für die Freunde der Insel-Bücherei. Heft 10

Herausgegeben von Hans-Eugen Bühler und Jochen Lengemann
DM 12,–/öS 94,–/sFr. 13.–
(Oktober 94)

Betrachtung über Morphologie überhaupt

Die Morphologie kann als eine Lehre für sich und als eine Hülfswissenschaft der Physiologie angesehen werden; sie ruht im Ganzen auf der Naturgeschichte, aus der sie die Phänomene zu ihrem Behufe herausnimmt, ingleichen auf der Anatomie aller organischen Körper und besonders der Zootomie.

Da sie nur darstellen und nicht erklären will, so nimmt sie von den übrigen Hülfswissenschaften der Physiologie so wenig als möglich in sich auf, ob sie gleich die Kraft- und Ortverhältnisse des Physikers sowohl als die Stoff- und Mischungsverhältnisse des Chemikers nicht außer Augen läßt; sie wird durch ihre Beschränkung eigentlich nur zur besondern Lehre, sieht sich überall als Dienerin der Physiologie und mit den übrigen Hülfswissenschaften koordiniert an.

Indem wir in der Morphologie eine neue Wissenschaft aufzustellen gedenken, zwar nicht dem Gegenstande nach, denn derselbe ist bekannt, sondern der Ansicht und der Methode nach welche sowohl der Lehre selbst eine eigne Gestalt geben muß als ihr auch gegen andere Wissenschaften ihren Platz anzuweisen hat, so wollen wir zuvörderst erst dieses letzte darlegen und ihr Verhältnis zu den übrigen verwandten Wissenschaften zeigen, sodann ihren Inhalt und die Art ihrer Darstellung vorlegen.

Die Morphologie soll die Lehre von der Gestalt, der Bildung und Umbildung der organischen Körper enthalten; sie gehört daher zu den Naturwissenschaften, deren besondere Zwecke wir nunmehr durchgehen.

Die Naturgeschichte nimmt die mannigfaltige Gestalt der organischen Wesen als ein bekanntes Phänomen an. Es kann ihr nicht entgehen, daß diese große Mannigfaltigkeit dennoch eine gewisse Übereinstimmung teils im Allgemeinen, teils im Besondern zeigt, sie führt nicht nur die ihr bekannten Körper vor, sondern sie ordnet sie bald in Gruppen bald in Reihen nach den Gestalten, die man sieht, nach den Eigenschaften, die man aufsucht und erkennt, und macht es dadurch möglich die ungeheure Masse zu übersehen; ihre Arbeit ist doppelt: teils immer neue Gegenstände aufzufinden, teils die Gegenstände immer mehr der Natur und [*den*] Eigenschaften gemäß zu ordnen und alle Willkür, insofern es möglich wäre, zu verbannen.

Indem nun also die Naturgeschichte sich an die äußere Erscheinung der Gestalten hält, und sie im Ganzen betrachtet, so dringt die Anatomie auf die Kenntnis der innern Struktur, auf die Zergliederung des menschlichen Körpers als des würdigsten Gegenstandes und desjenigen, der so mancher Beihülfe bedarf, die ohne genaue Einsicht in seine Organisation ihm nicht geleistet werden kann. In der Anatomie der übrigen organisierten Geschöpfe ist vieles geschehen, es liegt aber so zerstreut, ist meist so unvollständig und manchmal auch falsch beobachtet, daß für den Naturforscher die Masse beinah unbrauchbar ist und bleibt.

Die Erfahrung, die uns Naturgeschichte und Anatomie geben, teils zu erweitern und zu verfolgen, teils zusammenzufassen und zu benutzen, hat man teils fremde Wissenschaften angewandt, verwandte herbeigezogen, auch eigne Gesichtspunkte festgestellt, immer um das Bedürfnis einer allgemeinen physiologischen Übersicht auszufüllen, und man hat dadurch, ob man gleich nach menschlicher Weise gewöhnlich zu einseitig verfahren ist und verfährt, dennoch den Physiologen der künftigen Zeit trefflich vorgearbeitet.

Von dem Physiker im strengsten Sinne hat die Lehre der organischen Natur nur die allgemeinen Verhältnisse der Kräfte und ihrer Stellung und Lage in dem gegebenen Weltraum nehmen können. Die Anwendung mechanischer Prinzipien auf organische Naturen hat uns auf die Vollkommenheit der lebendigen Wesen nur desto aufmerksamer gemacht, und man dürfte beinah sagen, daß die organischen Naturen nur desto vollkommner werden, je weniger die mechanischen Prinzipien bei denselben anwendbar sind.

Dem Chemiker, der Gestalt und Struktur aufhebt und bloß auf die Eigenschaften der Stoffe und auf die Verhältnisse ihrer Mischungen achthat, ist man auch in diesem Fache viel schuldig, und man wird ihm noch mehr schuldig werden, da die neueren Entdeckungen die feinsten Trennungen und Verbindungen erlauben, und man also auch den unendlich zarten Arbeiten eines lebendigen organischen Körpers sich dadurch zu nähern hoffen kann.

Wie wir nun schon durch genaue Beobachtung der Struktur eine anatomische Physiologie erhalten haben, so können wir mit der Zeit auch eine physisch-chemische uns versprechen, und es ist zu wünschen, daß beide Wissenschaften immer so fortschreiten mögen, als wenn jede allein das ganze Geschäft vollenden wollte.

Da sie beide aber nur trennend sind und die chemischen Zusammensetzungen eigentlich nur auf Trennungen beruhen, so ist es natürlich, daß diese Arten sich organische Körper bekannt zu machen und vorzustellen, nicht allen Menschen genugtun, deren manche die Tendenz haben von einer Einheit auszugehen, aus ihr die Teile zu entwickeln und die Teile darauf wieder unmittelbar zurückzuführen. Hierzu gibt uns die Natur organischer Körper den schönsten Anlaß, denn da die vollkommensten derselben uns als eine von allen übrigen Wesen getrennte

Einheit erscheinen, da wir uns selbst einer solchen Einheit bewußt sind, da wir den vollkommensten Zustand der Gesundheit nur dadurch gewahr werden, daß wir die Teile unseres Ganzen nicht, sondern nur das Ganze empfinden, da alles dieses nur existieren kann, insofern die Naturen organisiert sind, und sie nur durch den Zustand, den wir das Leben nennen, organisiert und in Tätigkeit erhalten werden können: so war nichts natürlicher, als daß man eine Zoonomie aufzustellen versuchte und denen Gesetzen, wornach eine organische Natur zu leben bestimmt ist, nachzuforschen trachtete; mit völliger Befugnis legte man diesem Leben, um des Vortrags willen, eine Kraft unter, man konnte, ja man mußte sie annehmen, weil das Leben in seiner Einheit sich als Kraft äußert, die in keinem der Teile besonders enthalten ist.
Wir können eine organische Natur nicht lange als Einheit betrachten, wir können uns selbst nicht lange als Einheit denken, so finden wir uns zu zwei Ansichten genötigt und wir betrachten uns einmal als ein Wesen, das in die Sinne fällt, ein andermal als ein anderes, das nur durch den innern Sinn erkannt oder durch seine Wirkung bemerkt werden kann.
Die Zoonomie zerfällt daher in zwei nicht leicht voneinander zu trennende Teile, nämlich in die körperliche und in die geistige. Beide können zwar nicht voneinander getrennt werden, aber der Bearbeiter dieses Faches kann von der einen oder der andern Seite ausgehen und so einer [*oder*] der andern das Übergewicht verschaffen.
Nicht aber allein diese Wissenschaften, wie sie hier aufgezählt worden sind, verlangen nur ihren Mann allein, sondern sogar einzelne Teile derselben die Lebenszeit des Menschen hinnehmen; eine noch größere Schwierigkeit entsteht daher, daß diese sämtliche Wissenschaften beinah nur von Ärzten getrieben werden, die denn sehr bald

durch die Ausübung, so sehr sie ihnen auch von einer Seite zu Ausbildung der Erfahrung zu Hülfe kömmt, doch immer von weiterer Ausbreitung abgehalten werden.
Man sieht daher wohl ein daß demjenigen, der als Physiolog alle diese Betrachtungen zusammenfassen soll, noch viel vorgearbeitet werden muß wenn derselbe künftig alle diese Betrachtungen in eins fassen und, insofern es dem menschlichen Geist erlaubt ist, dem großen Gegenstande gemäß erkennen soll. Hierzu gehört zweckmäßige Tätigkeit von allen Seiten, woran es weder gefehlet hat noch fehlt, und bei der jeder schneller und sichrer fahren würde, wenn er zwar von Einer Seite aber nicht einseitig arbeitete und die Verdienste aller übrigen Mitarbeiter mit Freudigkeit anerkennte, anstatt wie es gewöhnlich geschieht, seine Vorstellungsart an die Spitze zu setzen.
Nachdem wir nun also die verschiedenen Wissenschaften, die dem Physiologen in die Hand arbeiten, aufgeführt und ihre Verhältnisse dargestellt haben, so wird es nunmehr Zeit sein, daß sich die Morphologie als eine besondere Wissenschaft legitimiert.
So [*unter-?*]nimmt sie [*es*] auch; und sie muß sich als eine besondere Wissenschaft erst legitimieren, indem sie das, was bei andern gelegentlich und zufällig abgehandelt ist, zu ihrem Hauptgegenstande macht, indem sie das, was dort zerstreut ist, sammelt, und einen neuen Standort feststellt, woraus die natürlichen Dinge sich mit Leichtigkeit und Bequemlichkeit betrachten lassen; sie hat den großen Vorteil daß sie aus Elementen besteht, die allgemein anerkannt sind, daß sie mit keiner Lehre im Widerstreite steht, daß sie nichts wegzuräumen braucht um sich Platz zu verschaffen, daß die Phänomene, mit denen sie sich beschäftigt, höchst bedeutend sind, und daß die Operationen des Geistes, wodurch sie die Phänomene zusammenstellt, der menschlichen Natur angemessen

und angenehm sind, so daß auch ein fehlgeschlagener Versuch darin selbst noch Nutzen und Anmut verbinden könnte.

Grundzüge allgemeiner Naturbetrachtung

I. Alles Entstehen, alles sich Bilden ist seinem Wesen nach ein Hervorgehen eines Bestimmten aus einem Unbestimmten, Bestimmbaren.
II. Alles Vergehen, alles Zurückgebildetwerden ist ein Auflösen eines Bestimmten in ein Unbestimmtes, welches sofort wieder einer neuen Bestimmung fähig wird.
III. Inwiefern alles in Raum und Zeit Bestehende durch Bildung entstanden und der Rückbildung unterworfen ist, werden wir genötigt, die gesamte Natur als ein unendliches in ewiger Bildung und Umbildung begriffenes Ganzes zu denken.
IV. Das selbstthätige Entfalten eines Bestimmten aus einem Unbestimmten ist aber ursprünglich Erscheinung und zugleich *Symbol* alles *Lebens.*
V. Haben wir nun die Natur als ein in ewiger innerer Bildung Begriffenes erkannt, so müssen wir sie zugleich als das *Lebendige schlechthin* betrachten, dessen Urleben die Quelle ist, aus welcher die Lebenserscheinungen jedes besondern Lebendigen, d. i. überhaupt alle besondern Naturkräfte sich ableiten.
Die Idee des Lebens, inwiefern sie nichts anderes ist, als die Idee einer ewigen Manifestation göttlichen Wesens durch die Natur, gehört zu jenen ursprünglichen Vernunftanschauungen, welche (wie es namentlich von der höchsten unter allen, von der Idee des göttlichen Wesens an und für sich gilt) nicht *von außen* dem Menschen kommen, nicht durch den auf die Erscheinungswelt angewiesenen Verstand bewiesen, noch weniger erklärt, oder überhaupt durch Abstraktion erhalten werden *können*; sondern welche im *Innern des Menschen* sich erschließen,

sich offenbaren müssen, und bei einer gewissen erreichten Entwicklungsstufe sich immer offenbarer werden. Eine notwendige Folge hievon ist es demnach, daß, wenn wir bei der Betrachtung des Lebendigen nicht von der ursprünglichen Idee des Lebens, welche in unserm Innern sich frei und klar entfaltet hat, *ausgehen*, wir nimmer zur Anschauung des Lebens *durch Abstraktion* gelangen werden, so wenig einem Menschen, der nicht nach *Fr. Jacobis* Ausdruck »zur Erkenntnis Gottes hinauforganisiert« worden ist, von außen durch Demonstration jene höchste aller Vernunftideen mitgeteilt werden könnte.

VI. Ist nun die Natur ihrem Wesen nach das ewig Bildende (φύσις von φύω, *natura* von *nascor*) und ist sie unendlich, so folgt daraus notwendig, daß auch ihr *Leben unendlich* und eine vollkommene Negation des Lebens, d. i. ein *absoluter Tod* in ihr undenkbar sei. Ist nun aber das Urleben der Natur unendlich, so muß die Unendlichkeit, Ewigkeit, auch das Prädikat einer jeden besondern Äußerung des Naturlebens sein; es muß eine jede Naturkraft ihrem Wesen nach als in ihrer Art unendlich gedacht werden. – Inwiefern indes die Natur auch rücksichtlich der *Mannigfaltigkeit* ihrer Kraftäußerungen unendlich ist, so können und müssen verschiedene Naturkräfte von verschiedenen Richtungen sich gegenseitig in ihren Wirkungen beschränken, ja diese auf gewisse Zeit aufheben, und so entsteht der Begriff eines *relativen Todes,* d. i. desjenigen Zustandes, welchen wir insgemein unter dem Namen des *Todes,* des *Erstorbenseins* verstehen. Einfachstes Beispiel: – Man denke einen Pendel in Schwingung gesetzt. Es ist hier klar und die Physik weist es nach, daß diese Schwungkraft in einem absolut leeren Raume, bei aufgehobener Friktion u.s.w. notwendig in Ewigkeit fort die einmal angeregte Bewegung unterhalten müßte. Dahingegen zeigt die Beobachtung, daß in der Natur die Wirkung oder Erscheinung dieser Schwungkraft sogleich durch Luftdruck, Friktion u.s.w. vermindert, beschränkt und zuletzt ganz aufgehoben werde.

VII. Wie sonach die *räumliche* Erscheinung der Natur in ihren unermeßlichen Einzelheiten durchaus beschränkt und endlich, im Ganzen aber stets unendlich und unbeschränkt gefunden wird, so auch die *zeitliche*. Das Naturleben im Ganzen muß als unendlich, als ewig gedacht werden, wenn das einzelne Phänomen des Naturlebens, d.i. die besondere Naturkraft in ihrem Werke, beschränkt, endlich oder sterblich ist.

Auch inwiefern dem Leben an und für sich, als stetiger Manifestation göttlichen Wesens durch die und in der Natur, das Prädikat der Ewigkeit zukommt, bewährt sich das, was oben (s. Anmerkung zu § V) über die Idee des Lebens als eine reine Vernunftidee ausgesprochen wurde, denn das Hervorgehen in dem Ewigen ist der Charakter *der Idee,* ebenso wie die des Hervorgehens aus dem Einzelnen der Charakter eines *abstrakten Begriffes.*

VIII. Jedes lebendige Wesen, inwiefern es aus sich selbst Mittel seiner verschiedenen auszuübenden Wirkungen, d.i. Werkzeuge, Organe, erschafft, heißt *Organismus.* – Die Natur, inwiefern sie rastlos neue Erscheinungen ihres innern Lebens hervorruft, ist der Organismus schlechthin (Makrokosmus). Jedes einzelne sich aus sich selbst entwickelnde Naturwesen, inwiefern es nur im allgemeinen Organismus der Natur bestehen kann, sein Leben nur Ausfluß höhern Urlebens ist, heißt Teilorganismus (endlich-individueller Organismus, Mikrokosmus), und seine Entfaltung ist nur unter Einwirkung des allgemeinen Naturlebens möglich.

IX. Jeder individuelle Organismus entwickelt sich nach dem allgemeinen Gesetze (§ I) aus dem räumlich Unbestimmten, Bestimmbaren, in einer bestimmten Zeit zu einem räumlich Bestimmten. Einen räumlich, seinen Grenzen nach unbestimmt, bestimmbaren Stoff nennen wir flüssig. *Das Flüssige* (Elastisch- oder Tropfbarflüssiges) *ist daher das Element aller organischen Entwicklung*, oder der natürlichen Bildung überhaupt.

X. Jedes einzelne lebende Wesen, insofern es sich in der Unendlichkeit der Natur durch Individualisierung absondert, tritt dadurch notwendig in einen Gegensatz mit andern Naturwirkungen, und wie im Raum, so muß sein Dasein auch der Zeit nach beschränkt sein, es erscheint als endlich, als sterblich, wenn die Natur im Ganzen als unendlich und unsterblich betrachtet werden muß. – Dasselbe Verhältnis zwischen einem Ganzen und seinen Teilen wiederholt sich auch in dem individuellen Organismus selbst rücksichtlich seiner Gesamtheit und seiner einzelnen Gebilde, und zwar indem die organische belebte Masse in jedem Augenblicke in stetiger Auflösung und Wiederbildung begriffen betrachtet werden muß.

Überhaupt darf es wohl Hauptbedingung einer gesunden Physiologie genannt werden, den lebenden Körper immer nur als die in gewissen irdischen Elementen ausgedrückte *Erscheinung lebender Kräfte* zu betrachten, und nie zu vergessen, daß er in keinem Augenblicke ein Erstarrtes, sondern ein fortwährend Umgebildetes sei, ohngefähr gleich einer erleuchteten Stelle auf einem reißenden Strom, welche auch im Ganzen für einige Zeit unverändert dieselbe zu bleiben scheint, obwohl ihr Inneres in rastloser Veränderung begriffen ist.

XI. Ist nun aber das Flüssige eigentliches Element organischer Bildung, so folgt daraus, daß es überhaupt das ursprüngliche Lebendige sei; wenn hingegen das Erstarrte als ein Produkt oder Residuum dieses Lebens, in welchem die lebendige Wirkung untergegangen, zu betrachten ist, als ein Produkt, welches wieder in das ursprünglich Flüssige aufgelöst werden muß, wenn es von neuem lebendig erscheinen und einer neuen Gestaltung fähig sein soll.

Auf solche Weise geschieht es, wenn in dem Flüssigen die Neigung zur Krystallisation (d.i. eine nach polarischer Gestaltung strebende Lebenswirkung) rege wird; wir müssen dann das Krystallisieren selbst, die aus innern Prinzipien entstehende Bewegung des Stoffes allerdings *Leben* nennen, aber dieses Leben erlischt in dem endlich erstarrten Gebilde des Krystalls, er ist das Residuum, das caput mortuum des Lebens, und als solches können wir ihn an sich nicht mehr lebendig, wir müssen ihn als erstorben betrachten, und wir werden ihn in längerer Zeit zerfallen, sich auflösen, ins Flüssige übergehen sehen, und dadurch wird er fähig werden, neuen Bildungen als Element zu dienen. Auf diese Weise erschienen uns auch die Schichten unseres Erdkörpers als Residuen des ursprünglichen Bildungslebens dieses Planeten, sie sind als solche erstorben, und erst ihre allmähliche Verwitterung und Auflösung macht sie fähig, neuen individuell-organischen Bildungen als Element zu dienen.

XII. Zwischen dem *Flüssigen* und dem völlig *Erstarrten* steht aber das Weiche mitten inne, in welchem sich einzelne erstarrte Atome überall durchdrungen von Flüssigkeit zeigen. Hierin auch liegt nun im Vergleich mit dem oben Gesagten der Schlüssel, um die Lebenserscheinungen weicher Teile zu begreifen. Wir sehen nämlich in dem weichen Gebilde zwar schon eine gewisse feste Begrenzung des Individuums erlangt, und insofern nähert es sich dem völlig Erstarrten und Erstorbenen, allein andernteils ist auch die Flüssigkeit als das ursprünglich Lebendige in ihm vorhanden, das Leben ist in seinem Produkte nicht untergegangen, es wirkt vielmehr fort und fort; die Bestimmung des Ganzen verändert die Form durch Ausdehnen und Zusammenziehen und stellt demnach das Weiche eben so bestimmt als *Organ des Lebendigen* dar, wie das Flüssige als *Element* desselben anzusehen war.

Es ist folglich notwendig *Weichheit* ein Attribut aller lebendigen Einzelwesen; und Tiere und Pflanzen werden durch ihre weichen Teile allein des animalischen oder vegetabilischen Lebens fähig; je mehr sie erhärten, erstarren, um so mehr sterben sie ab; je mehr sie erweichen, zerfließen, um so mehr werden sie wieder zum Element für anderweitige organische Bildungen.

XIII. Der einfachste und reinste Ausdruck der gleichmäßigen Beziehung gleichartiger Teile auf einen gemeinsamen Mittelpunkt ist die Kugelgestalt. Ein räumlich unbestimmt Begrenztes, ein Flüssiges, muß daher, sobald es überhaupt als ein Besonderes existiert, d.i. in seiner Gestaltung frei durch ein inneres Einheitsprinzip, gleichsam durch einen inneren Schwerpunkt bestimmt wird, notwendig die Kugelgestalt annehmen, und eben deshalb wird die Kugel zugleich zur ursprünglichen Form alles Organischen, da die Beziehung eines vorher räumlich unbestimmt Begrenzten auf eine innere Einheit ja die erste Stufe aller organischen Bildung ist.

Als Beispiele erinnere man sich an die Bildung des Wassertropfens, des Quecksilberkügelchens, der Blutkügelchen, der kugelförmigen Infusorien. Ja die Natur selbst, inwiefern wir sie als den *unendlichen* Organismus anerkennen müssen, sind wir genötigt, unter dem Typus einer *unendlichen Sphäre*, d.i. einer Kugel, *deren Centrum überall gleichzeitig vorhanden*, in welcher jeder Unterschied von innen und außen aufhört, vielmehr überall ein Inneres, ja ein Innerstes anzunehmen ist, zu denken.

XIV. Ist nun ferner jede Bildung ein in bestimmter Zeit erfolgendes Hervorgehen eines Bestimmten aus einem Unbestimmten, eines Mannigfaltigen aus einem Einfachen, einer Vielheit aus einer Einheit, so ergiebt sich daraus auch, daß die Bildung in *Gegensätzen* (polarisch) erfolgen müsse. Es sei nämlich die Einheit gegeben, und sie soll zur Vielheit werden, so kann dies nur durch Teilung geschehen. Nun ist aber die einfachste Art der Teilung *die Teilung in zwei*, welche durch abermalige Teilung immer größere Vielheit hervorbringt, und so wird also der Begriff des Gegensatzes, welcher kein anderer ist, als der aus einer Einheit in gleichem Maße hervorgegangenen Zweiheit, vollkommen ausgesprochen. – Soll zwischen zwei Entgegengesetzten die Idee der ursprünglichen Einheit stattfinden, so entsteht hieraus eine wesentliche Dreiheit, und wie nun überhaupt durch diese Vereinigung der Entgegengesetzten die Differenzierung vollkommen beschlossen ist (s. Anm.), so erklärt sich nun durch Wiederholung dieses Verhältnisses eine bestimmte Darstellung aller möglichen Zahlenverhältnisse.

Ein mathematisches Beispiel über die Notwendigkeit dreifacher Teilung zur vollkommenen Begrenzung giebt die Teilung einer unendlichen Linie. Teilen wir nämlich eine solche Linie an irgend einer Stelle, so bleiben immer noch zwei unendliche (also noch keineswegs räumlich begrenzte) Linien übrig. Teilen wir dieselbe hingegen an zwei Orten, so erscheint nun erst zwischen den Teilungsstellen die bestimmte, d.i. die endliche Linie.

XV. Ist nun die ursprünglich organische Gestalt die Kugel (§ XIII) und geschieht überhaupt eine weitere Entfaltung nach Gegensätzen durch innere Differenzierung (§ XIV), so ist es notwendige Folge, daß bei fortschreitender Bildung die Kugel sich in andere Formen umändern müsse. Diese Umänderung geschieht aber dadurch, daß ein Durchmesser der Kugel, welcher sonst allen übrigen gleich war, jetzt überwiegend wird, und die übrigen Durchmesser sich immer entschiedener unterordnet. So erhalten wir den Übergang der Kugel durch das Oval, zuletzt bei völligem Verschwinden aller andern Durchmesser in die grade Linie, oder bei gleichem Überwiegen mehrerer Achsen über andere, die geradlinigten Figuren, Würfel u.s.w. – Da nun aber diese Veränderung der Kugelform mit der Erstarrung des Flüssigen gleichen Schritt hält, ja nur durch letztere möglich wird, und hinwiederum die Erstarrung immer zugleich ein Ersterben, ein Aufhören der bildenden Kraft nach sich zog (s. § XI), so wird sich das Verhältnis des Lebendigen zum Toten auch so ausdrücken lassen, daß man sagt: *es sei gleich dem Verhältnis der Kugel zur geradlinichten Figur.* Und ferner: da zwischen dem Erstarrten und Flüssigen *das Weiche*, als das vorzugsweise der Ausübung lebendiger Wirkungen Angemessene, mitten inne steht, so werden hinwiederum *die zwischen Kreis und gerade Linie fallenden Figuren* (z.B. das Oval, parabolische Linie u.s.w.) *die* dem *Weichen eigentümlichsten Formen geben.*

Das deutlichste Beispiel zu diesen Sätzen ist die Krystallbildung, rücksichtlich des Überganges von dem kugelförmigen Tropfen durch polares Hervortreten gewisser Achsen in den durch geradlinigte Flächen begrenzten Krystall. Ebenso erinnere man sich an die ursprünglich immer kugelförmige Gestalt des Eies, an die vorherrschende parabolische oder ovale Bildung in den weichen Teilen des Tierkörpers, an die krystallinische Faserstruktur der starren Knochen u.s.w.

XVI. Müssen wir aber infolge eines frühern Satzes (§ XIV) eingestehen, daß jede weitere Differenzierung als *Wiederholung* des ursprünglich einfachen Gegensatzes anzusehen sei, so werden wir ferner in diesem Satze zugleich den mathematischen Ausdruck für ein rücksichtlich der ganzen Entwicklungsgeschichte höchst wichtiges Gesetz wahrzunehmen vermögen, welches am schicklichsten etwa folgendermaßen auszusprechen sein möchte: – *Jegliche höhere Entfaltung und Ausbildung eines Organismus wird nur erreicht durch die mannigfaltigste Wiederholung des ursprünglichen Bildungstypus, und zwar in immer andern und höhern Potenzen.* – Ein Gesetz, welchem wir deshalb eine besondere Wichtigkeit beilegen müssen, weil auf ihm eben der *Begriff der organischen Metamorphose und die Notwendigkeit der genetischen Methode* für alle Naturwissenschaften begründet ist.

* * *

Nehmen wir sodann das bedeutende Wort vor: *Erkenne dich selbst,* so müssen wir es nicht im aszentischen Sinne auslegen. Es ist keineswegs die Heautognosie unserer modernen Hypochondristen, Homoristen und Heautontimorumenen damit gemeint; sondern es heißt ganz einfach: Gib einigermaßen acht auf dich selbst, damit du gewahr werdest, wie du zu deinesgleichen und der Welt zu stehen kommst. Hiezu bedarf es keiner psychologischen Quälereien; jeder tüchtige Mensch weiß und erfährt, was es heißen soll; es ist ein guter Rat, der einem jeden praktisch zum größten Vorteil gedeiht.

Nachweise

MAXIMEN. Es gibt keine standardisierte oder auch letzthandliche Ordnung Goethes der als »Maximen und Reflexionen« geläufigen Sammlung von Aphorismen, Sprüchen und Reflexionen, wie sie Eckermann zusammengestellt hat. Jede der großen Goethe-Ausgaben hat darum eigene Wege beschritten. Die hier zum Thema ausgewählten Maximen – von Goethe auch gelegentlich »Sentenzen« genannt – wurden entnommen dem Band 18 der Gesamtausgabe des Cotta-Verlages, dem Band 17 der Artemis-Gedenkausgabe, den vom Herausgeber Rudolf Steiner in 11 Abteilungen gegliederten »Sprüchen in Prosa« im Band 5 der Naturwissenschaftlichen Schriften, den »Betrachtungen im Sinne der Wanderer« und »Aus Makariens Archiv«, beides in den »Wanderjahren«.

SCHRIFTEN. Nur vergleichsweise wenige der hier als »Schriften« präsentierten Texte sind in sich abgeschlossene und von Goethe selbst betitelte Arbeiten. Alle kursiv gesetzten Überschriften stammen vom Herausgeber – in einzelnen Fällen auch von Eckermann – und beziehen sich in der Regel entweder auf Textstücke aus anderen, größeren Zusammenhängen oder auf nachgelassene Fragmente. Sie werden nach den verschiedenen von mir benutzten Ausgaben zitiert und belegt. Auf poetische Texte wurde, mit einer kleinen Ausnahme, bewußt verzichtet.

Danksagung. *Dr. Günter Peters war mir in der Endredaktion ein kenntnisreicher und hilfsbereiter Gesprächspartner. Das Unternehmen selbst geht zurück auf ein von uns beiden als Antwort auf die Forderungen nach mehr*

Interdisziplinarität der im WS 1988/89 streikenden StudentInnen angebotenes Seminar an der Freien Universität Berlin.

S. 10: aus: Tagebuch der italienischen Reise für Frau von Stein (1786), in: Johann Wolfgang Goethe, Sämtliche Werke, Briefe, Tagebücher und Gespräche [als FA sigliert], I. Abteilung, Band 15/1, Frankfurt/Main: Deutscher Klassiker Verlag 1993, hg. v. Christoph Michel, S. 626, 660, 665; 11., 21., 24. September.

S. 12: aus: Regionen der Erfahrung, genetische Behandlung, organische Einheit und Entzweiung (um 1795), in: Goethe, Gesamtausgabe der Werke und Schriften [als CA sigliert], Band 18, Stuttgart: J. G. Cotta'sche Buchhandlung Nachf. o.J., S. 662-666.

S. 19: aus: Verhältnis zur Wissenschaft, besonders zur Geologie, in: Goethes Werke. Hamburger Ausgabe [als HA sigliert], hg. v. Erich Trunz, Hamburg 1948-1964, Band 13, hg. v. D. Kuhn und R. Wankmüller, S. 272f.

S. 21: aus Brief an Carl Cäsar Ritter von Leonhard, 25. 11. 1807, in: Johann Wolfgang Goethe. Gedenkausgabe der Werke, Briefe und Gespräche [als GA sigliert], hg. von Ernst Beutler, 1. Aufl. Zürich 1948-1954 und 3. Erg.-Bde., Zürich und Stuttgart 1960-1971, Band 17, S. 528f.

S. 25: (1829), in: FA I 25 (1989), hg. v. Wolf von Engelhardt und Manfred Wenzel, S. 84-86.

S. 27: (1789/90?), in: ebd., S. 24f.

S. 31: aus: Über Newtons Hypothese der diversen Refrangibilität (1793), in: FA I 23/2 (1991), hg. v. Manfred Wenzel, S. 129-131.

S. 33: aus: Hefte zur Naturwissenschaft II 1 (1823), in: CA, Band 18, S. 260-266.

S. 40: aus: Entwurf der Einleitung zur Morphologie (1808-1816), in: ebd., S. 864f.
S. 48: (undatiert), in: GA, Band 17, S. 757-766.
S. 59: (undatiert), in: CA, Band 18, S. 242f.
S. 60: aus: Materialien zur Geschichte der Farbenlehre, Einleitung (1810), in: FA I 23/1 (1991), hg. v. Manfred Wenzel, S. 515.
S. 62: aus: Materialien zur Geschichte der Farbenlehre, 3. Abteilung (1810), in: ebd., S. 611-616.
S. 69: (undatiert), in: CA, Band 19, S. 374.
S. 70: aus: Materialien zur Geschichte der Farbenlehre, 4. Abteilung (1810), in: FA I 23/1, S. 684f.
S. 72: aus: Materialien zur Geschichte der Farbenlehre, Einleitung (1810), in: ebd., S. 516f.
S. 79: aus: ⟨Beobachtung und Denken⟩ (1794), in: CA, Band 18, S. 92f.
S. 81: aus: Naturlehre (1789), in: CA, Band 18, S. 69-72.
S. 84: (1793), in: FA I 25, S. 26-36.
S. 97: aus: Physik überhaupt (1798), in: ebd., S. 125-127.
S. 100: aus: Der Briefwechsel zwischen Schiller und Goethe [als GSB sigliert], hg. v. Emil Staiger, Frankfurt/Main: Insel Verlag 1977, S. 546-551.
S. 107: aus: Geschichte meiner botanischen Studien (1817-1830), in: HA, Band 13, S. 162.
S. 108: aus: Italienische Reise II (1817), in: FA I 15, S. 355-361.
S. 116: in: GSB, S. 439-442, 461-463.
S. 122: aus: Zur Farbenlehre (1810), Didaktischer Teil, 5. Abteilung, in: FA 23/1, S. 244-246.
S. 126: aus: Eckermann, Gespräche mit Goethe in den letzten Jahren seines Lebens [als ›Eckermann‹ abgekürzt], hg. v. Fritz Bergmann, Frankfurt/Main: Insel Verlag 1981, S. 697.

S. 127: in: FA I 24 (1987), hg. v. Dorothea Kuhn, S. 810-813, 842.
S. 135: (undatiert, um 1800), in: Johann Wolfgang Goethe, Sämtliche Werke nach Epochen seines Schaffens. Münchener Ausgabe, hg. v. Karl Richter, Band 6.2 (1989), hg. v. Victor Lange et al., S. 763-766.
S. 138: (1790-1795), in: CA, Band 18, S. 643-649.
S. 144: (20. 2. 1831), in: Eckermann, S. 428f.
S. 151: (undatiert), in: GA, Band 17, S. 743f.
S. 153: (undatiert), in: GA, Band 17, S. 713f.
S. 158: aus: West-östlicher Divan (1819), in: FA I 3 (1994), hg. v. Hendrik Birus, S. 162.
S. 159: aus: Ernst Stiedenroth: Psychologie zur Erklärung der Seelenerscheinungen (1824), in: GA, Band 16, S. 884f.
S. 161: aus: Aufsätze zur allgemeinen Pflanzenkunde. Bildungstrieb (1823), in: GA, Band 17, S. 184.
S. 162: in: Briefwechsel zwischen Goethe und Zelter, hg. v. Max Hecker, Frankfurt/Main: Insel Verlag 1987, Band 1, S. 218-223.
S. 168: aus: Wilhelm Meisters Wanderjahre, 2. Fassung (1829), in: FA I 10 (1989), hg. v. Gerhard Neumann und Hans-Georg Dewitz, S. 382-385.
S. 175: (um 1795), in: CA, Band 18, S. 657-662.
S. 181: (undatiert), in: CA, Band 19, S. 393-402.

Nachwort

Goethes wissenschaftliche Methode: ein Nachwort

Bei der mit dieser bescheidenen Textauswahl angeregten Erinnerungsarbeit an Goethes Verständnis von Wissenschaft handelt es sich um ein unzeitgemäßes Unternehmen und nicht um die Dokumentation einer kontinuierlich geführten Auseinandersetzung: sieht man von der noch immer vergleichsweise bescheidenen Rezeption seiner naturwissenschaftlichen Arbeiten ab (und selbst diese findet heute eher bei ›Fachfremden‹, also bei Nicht-Naturwissenschaftlern statt), dann kann von einer Auseinandersetzung mit dem Wissenschaftler Goethe, mit seiner ›Wissenschaftslehre‹, kaum die Rede sein. Der Versuch, einer solchen Beschäftigung mit einem zentralen Teil des Goetheschen Werkes den Weg zu bereiten, wäre allerdings die Mühe nicht wert, wenn es sich dabei um das kaschierte Betreiben des sektenhaften Geschäftes jener kleinen Gemeinde von Gläubigen handelte (es gibt sie!), die noch immer nicht begriffen hat oder nicht zugeben will, daß in der Erklärung der Herkunft der Farben Newton recht und Goethe unrecht hat. Vielmehr geht es um etwas anderes und Ernsthafteres. Aus der Perspektive des Endes des 20. Jahrhunderts, das die Möglichkeiten menschlicher Selbstzerstörung nicht nur ans Tageslicht gebracht, sondern teilweise bereits zur Wirklichkeit hat werden lassen, handelt es sich letztlich darum, ›ob der Teufel wieder in die Flasche zurückgezwungen werden kann‹, ob Geschichte umkehrbar ist.

Der Flaschenteufel, dieser »böse Geist« der Moderne, erscheint in unendlich vielen Gestalten, die aber zumindest eine gemeinsame Eigenschaft haben: die der gewalttätigen Herrschaft – der herrschaftlichen Gewalttätigkeit. Um nur drei seiner Erscheinungsformen zu nennen:

- eine wissenschaftlich angeleitete Technologie zur Verwirklichung prinzipiell aller von der neuzeitlichen Wissenschaft erkannten Möglichkeiten;
- die Auflösung aller Dinge und Werte in käuflich-verkäufliche Waren und ihre Subsumtion unter wissenschaftlich begründete Gesetze des Marktes;
- die unvermittelt-direkte so gut wie die konstitutionell vermittelte indirekte Herrschaft von Menschen über Menschen und die tendenziell totale – totalitäre – Erfassung bis Kontrolle aller Lebensbereiche.

Es soll hier nicht erörtert werden, wann und von wem dieser vielgestaltige »böse Geist« freigesetzt wurde. Aber die Versprechungen, die er seinen Befreiern machte, die hat er voll und ganz eingehalten: schwindelerregende Erfolge von Naturwissenschaft und Technik, ein historisch beispielloser Reichtum der kapitalistischen Industrienationen, politische Systeme der monopolisierten Staatsgewalt, von deren Möglichkeiten der Menschenkontrolle frühere Regenten nicht einmal zu träumen gewagt hätten. Man hat für die Begründung des neuen Wissenschafts- und Weltverständnisses Galilei verantwortlich gemacht, für die Technologie die Anfänge der Moderne bei Leonardo gesucht, die Ursprünge der kapitalistischen Revolution in den italienischen Kommunen des 14. und 15. Jahrhunderts ausfindig gemacht und die Befreiung der Politik zu Herrschaftstechniken dem Begründer der neuzeitlichen politischen Wissenschaft, Machiavelli, zugeschrieben. In jedem Falle aber wurde diese Dynamik der modernen Welt geboren unter den gesellschaftlichen Bedingungen der als Renaissance etikettierten europäischen Neuzeit. Goethe war, je nach Standpunkt, entweder der *letzte*, der zu jener inzwischen anscheinend ersatzlos untergegangenen vor-modernen Welt eine Alternative in der Form eines von keinem einzelnen mehr überschaubaren schriftlichen Werkes und einer ebenso vieldimensionalen und vielschichtigen, aufs Exemplarische angelegten Biographie ausarbeitete – oder er war der *erste*, der vor den zerstörerisch-selbstzerstörerischen Konsequenzen jener wissenschaftlich-technisch-gesellschaftlich-politischen Revolution mit allen ihm zur Verfügung stehenden Ausdrucksmöglichkeiten gewarnt, dagegen angeschrieben und wissenschaftlich geforscht hat.

Sollte es allerdings richtig sein, daß die »Antiquiertheit des Menschen in der Moderne in Goethe ihren Anwalt gefunden hat« und »der Zauber vergangenen Sinns, die Schönheit ungültig gewordener Weltbilder das eigentlich Neuzeitliche in Goethes Werk« ausmacht (Heinz Schlaffer): dann hat das Tribunal bereits entschieden, ist der weitere Gang der von Europa ausgegangenen Moderne irreversibel, ist an eine Bändigung des bösen Geistes der entfesselten Herrschaftsdynamiken nicht mehr zu denken – Goethe verbleibt in der Literaturgeschichte und befriedigt den privaten ästhetischen Genuß. Ebenso wird überzeugend behauptet, daß mehr noch als der Dichter der Wissenschaftler Goethe »antiquiert« sei und daß jeder Gedanke an eine Rückkehr zu seiner wissenschaftlichen Haltung von vornherein hoffnungslos wäre, bedeutete das doch »nicht nur die Aufgabe des Nützlichkeitsprinzips, sondern auch der Kausalerklärungen und der historischen Ableitungen ... Der Empirismus sowohl wie die Denkform der theoretischen Wissenschaft gehören ... zu dem großartigen Versuch des Menschen, sich die Außenwelt als Wissen anzueignen und sie als gesetzmäßigen Mechanismus zu beherrschen. Goethe dagegen wollte der Natur ihre letzten Geheimnisse nicht entreißen. Er wollte anschauen und verehren ... Die Erkenntnisse der modernsten Wissenschaft sind kein Genuß; ... Mit der Atombombe ist ein Körper geschaffen, der das Zersprengen der Materie zu Energie in das Belieben des Menschen stellt. Aber wahrscheinlich werden wir auch diese Erkenntnis und dieses Instrument nicht wieder hergeben.« (Heinrich Henel) Es mag sein, daß das Rad der Geschichte nicht zurückgedreht werden, daß man nach Kopernikus nicht mehr zum ptolemäischen Weltbild zurück kann (und Goethe war, wie Gottfried Benn sagte, ein Ptolemäer). Dem zum Trotze ist das Unternehmen, an den Wissenschaftler Goethe zu erinnern, und zwar besonders an dessen methodologische Überlegungen, motiviert von der Überzeugung, daß jener Fortschritt, zu dem die Ideologen und Praktiker der Moderne keine Alternativen und radikalen Zweifel zulassen möchten, kein Fort-, sondern ein »Wegschritt« (Brecht) ist und daß, wenn auch eine Rückkehr unmöglich, so doch eine Umkehr not-wendig ist. Die Versuche müssen wenigstens gemacht, Schritte unternommen werden – und sei es auch zuerst nur als eine Umkehr im Denken –, um wenigstens die eine oder die andere der vielgestaltigen Erscheinungsformen des bösen Geistes der Moderne in die Flasche zurückzubekommen.*

Eine der Prämissen, die dieser Einladung zu einem Überdenken der Äußerungen Goethes über sein Verständnis von Wissenschaft und die Methoden wissenschaftlichen Arbeitens zugrunde liegen, ist die, daß die nahezu einmü-

* In einem Teilbereich der internationalen Politik z. B. ist solches sogar – ein Glücksfall, dessen Zukunft allerdings ungewiß ist – in günstiger Stunde einmal teilweise gelungen: mit dem Vertrag über die Nichtweiterverbreitung von Atomwaffen. Auf einem anderen Gebiet, dem der Gen-Technologie, werden derzeit ähnliche, aber wie es scheint vergebliche Anstrengungen unternommen, dem Rad des Fortschritts in die Speichen zu greifen.

tige Ablehnung seiner inhaltlichen Aussagen zur Naturwissenschaft als entweder antiquiert oder theologischer Natur auf der falschen Voraussetzung beruht, Goethe habe Wissenschaft im Sinne der empiristisch quantifizierenden Moderne betreiben wollen und sei daran gescheitert. Der Wissenschaftler Goethe scheint vielmehr, wie der indische Geistesgeschichtler J. P. S. Uberoi meint (»The Other Mind of Europe. Goethe as a Scientist«, 1984), in einer Tradition zu stehen, die in der Neuzeit in Paracelsus und seiner symbolistischen Methodologie ihren letzten großen öffentlichen Vertreter hatte und danach – auch im Gefolge der Niederwerfung der Bauernbewegungen des frühen 16. Jahrhunderts, zu deren Sympathisanten u. a. Paracelsus selbst gehörte – von der siegreichen ›Partei‹ der kopernikanischen System-Methodologie in den geistigen Untergrund getrieben wurde,* die aber in gewissen Kreisen, in denen Goethe verkehrte, noch bis zum Ende des 18. Jahrhunderts lebendig war. Dieser Zusammenhang kann und soll hier nicht rekonstruiert werden – das leistet u. a. eine gute Goethe-Biographie. Auch soll der heutige Leser nicht für Goethes naturwissenschaftliche Schriften und seine konkreten Forschungsergebnisse interessiert werden, die in aller ausführlichen Umständlichkeit und Detailgenauigkeit allein viele Bände der Gesamtausgaben füllen; in der *Farbenlehre* jedoch die überaus genauen und anschaulich vorgeführten Experimente wenigstens lesend nachzuvollziehen, das sei ausdrücklich empfohlen. Die hier ausgewählten Texte wollen lediglich deutlich machen, was Goethe, prinzipiell formulierend, unter Wissenschaft verstand, wie er sie betrieb und praktizierte,

* Der Vorgang wäre dann ähnlich dem der dauerhaften Ausgrenzung von ›ganzheitlichen‹ medizinisch-naturkundlichen Traditionen aus den ›legitimen‹ Wissenschaftsdiskursen, was in den Hexenverfolgungen seinen sichtbarsten Ausdruck fand.

von welchen Voraussetzungen er ausging, wie, mit welcher Haltung er sich den Gegenständen seiner Erkenntnis-Neugier näherte (»die Wissenschaft hilft uns vor allem, daß sie das Staunen, wozu wir von Natur berufen sind, einigermaßen erleichtere«), kurz: es soll um Goethes wissenschaftliche *Methoden* gehen.

Wohlgemerkt: von seinen *wissenschaftlichen* Methoden, nicht nur und eingeschränkt von den *natur*wissenschaftlichen Methoden und den in ihrem Umkreis sich darauf beziehenden Schriften soll die Rede sein. Das wäre dann auch die zweite Prämisse dieser Unternehmung: daß nämlich die grundsätzlichen Aussagen, die Goethe im Zusammenhang mit seinen Naturstudien zu methodischen Problemen gemacht hat, von allgemeiner Gültigkeit für wissenschaftliches Arbeiten überhaupt sind oder doch zumindest mit einem solchen Anspruch auch gegenüber anderen Disziplinen auftreten dürfen, ohne daß man ihnen damit Gewalt antäte. Daran knüpft sich nicht zuletzt die bescheidene Erwartung, daß der eine oder die andere wissenschaftlich Arbeitende – sei es in den Geistes-, Natur- oder den Sozialwissenschaften – die Goetheschen Methoden nützlich und fachlich fruchtbar finden möge und sich an und in ihnen zu orientieren versucht.
Das allerdings setzt sowohl ein reflektiertes oder doch zumindest gefühltes Unbehagen an der akademisch betriebenen Wissenschaft voraus (»Man klagt über wissenschaftliche Akademien, daß sie nicht frisch genug ins Leben eingreifen; das liegt aber nicht an ihnen, sondern an der Art, die Wissenschaft zu behandeln überhaupt.«), als auch die Hoffnung, daß es eben nicht völlig unrealistisch sei, darauf hinzuarbeiten, den »Teufel wieder in die Flasche« zu bekommen, d. h. den facettenreichen Prozeß der

Herrschaftsdynamik – denn um Erscheinungsformen von Herrschaft handelt es sich hier allemal beim Geist der Moderne – wenigstens in einer der vielen Gestalten, in denen er sich verwirklicht, zu retardieren, zu blockieren und schließlich tendenziell auch umzukehren. Denn das Sich-Einlassen auf den Versuch, Wissenschaft von Goethes methodischen Ansätzen her zu betreiben, bedeutet mehr als eine mögliche Bereicherung um bisher vernachlässigte Fragestellungen: es bedeutet in fast allen Fällen Umkehr, Neubeginn, oft ein ganz anderes Wahrnehmen der zu untersuchenden Wirklichkeit, eine andere Tiefenschärfe, eine alt-neue Sichtweise; es bedeutet ein Sich-Eingestehen, daß es sowohl Nicht-Wissenswertes als auch Nicht-Wißbares gibt, eine Absage an wissenschaftliche Originalität und Innovation um jeden Preis aufgrund der weiseren Einsicht, daß »wir originell sind, nur weil wir nichts wissen«; es enthält die Aufforderung, sich zunächst und vor allem der eigenen Geschichte, der Geschichte der eigenen Wissenschaft zu versichern, als ersten Erkenntnisschritt ›zurück zu den jeweiligen Klassikern‹ zu gehen, wie wir heute sagen würden. »Alles Gescheite ist schon gedacht worden; man muß nur versuchen, es noch einmal zu denken.« Es bedeutet auch, sich und anderen Rechenschaft darüber abzulegen, »wie man auf die Betrachtung dieses Gegenstandes gekommen und unter welchen Umständen man demselben nach und nach mehrere Aufmerksamkeit zu widmen angeregt worden« – die Auskunft also darüber, was heute mit dem meist uneingelösten Schlagwort vom ›Erkenntnisinteresse‹ bezeichnet wird. Aber mehr noch: auch die Reflexion über unsere eigenen »Vorurteile«, über »die Maximen, die uns beherrschen,« daß »jeder vor allen Dingen sich selbst kennte und wüßte, zu welcher Partei er gehöre« – auch das gehört zur Wissenschaft bzw. zum Wissenschaftler, geht ein in die Resultate seiner Arbeit und muß deshalb methodisch mitreflektiert werden. Und bedenken wir, wie weit heutige Wissenschaft – die der Natur so gut wie die des Sozialen – entfernt ist von Goethes wissenschaftlichem Blick: das Theoretisieren »mit Bewußtsein, mit Selbstkenntnis, mit Freiheit und, um uns eines gewagten Wortes zu bedienen, mit Ironie zu thun und vorzunehmen, eine solche Gewandtheit ist nötig, wenn die Abstraktion, vor der wir uns fürchten, unschädlich und das Erfahrungsresultat, das wir hoffen, recht lebendig und nützlich werden soll«. Bewußtsein – Selbstkenntnis – Freiheit – Ironie: es sind dies nicht einmal die Ideale heutiger wissenschaftlicher Diskurse, geschweige denn deren schwer einzulösende Realität.

Diese Formulierung Goethes folgt einer Aussage zu dem, was den Kern und das Wesen seiner Methode, sich die Welt anzueignen und sie verstehend zu reproduzieren, ausmacht: die Anschauung, richtiger *das Anschauen.* Goethe war ein großer – auf seine Weise vielleicht der größte – Beobachter, und seine ›Botschaft‹, wenn sie denn so genannt werden darf unter der Perspektive, die wir hier andeuten wollen, würde heißen: das Anschauen, das genaue Beobachten zu üben und zu lernen. Welche Gegenstände es sind, die wir beobachten, deren Bild wir uns einzuprägen suchen, deren Struktur, Idee, Gestalt wir erkennen wollen: *was* wir anschauen, das ist – methodologisch gesprochen – zunächst gleichgültig. Goethe hat diese Methode vor allem an der Natur entwickelt und sich erarbeitet – vor allem, aber nicht nur. Aus der praktischen Aufgabe, die weimarisch-thüringische Ökonomie durch die Wiederbelebung des Bergbaus zu fördern, Arbeitsplätze zu schaffen, die materielle Lage der Menschen zu bessern, ergab sich für den jungen Minister und Großstädter die Notwendigkeit einer immer genaueren systematischen Natur- und später der Gesteinsbeobachtung. Und er »bekennt« schließlich: »Wiederholt viele Jahre schaut' ich mir die Felsen des Harzes, des Thüringer Waldes, Fichtelgebirges, Böhmens, der Schweiz und Savoyens an, eh' ich auszusprechen wagte: unser Ur- oder Grundgebirg habe sich aus der ersten großen chaotischen Infusion krystallinisch gebildet« usw., und einige Zeilen später: »Alles, was ich hier ausspreche, hab' ich wiederholt und anhaltend geschaut; ich habe, damit ja die Bilder im Gedächtnis sich nicht auslöschen, die genauesten Zeichnungen veranstaltet, und so hab' ich, bezüglich auf den Teil der Erde, den ich beobachtet, immer Regelmäßigkeit und Folge, und zwar übereinstimmend an mehreren Orten und Enden gefunden.«

Goethe bestand darauf, »daß Wissenschaft und Poesie vereinbar seien« und »daß Wissenschaft sich aus Poesie entwickelt habe«, womit er die langfristige Hoffnung verknüpfte, »daß, nach einem Umschwung von Zeiten, beide sich wieder freundlich, zu beiderseitigem Vorteil, auf höherer Stelle, gar wohl wieder begegnen könnten«. Der gemeinsame Nenner aber von Wissenschaft und Dichtung ist das reine Anschauen, die ruhige Beobachtung. »Ich habe«, erklärte er Eckermann im Gespräch, »niemals die Natur poetischer Zwecke wegen betrachtet. Aber weil mein früheres Landschaftszeichnen und dann mein späteres Naturforschen mich zu einem beständigen genauen Ansehen der natürlichen Gegenstände trieb, so habe ich die Natur bis in ihre kleinsten Details nach und nach auswendig gelernt, dergestalt, daß wenn ich als Poet etwas brauche, es mir zu Gebote steht und ich nicht leicht gegen die Wahrheit fehle.«

Selbstverständlich geht es nicht um die äußere Zeit, die wir der Betrachtung, dem Anschauen zu widmen aufgefordert werden: es ist vielmehr die »innere Zeit«, die innere Ruhe, die wir mitbringen müssen, um die Gegenstände unseres Interesses, die Phänomene, die Gestalten zum Sprechen zu bringen, damit sie sich uns mitteilen und erschließen. Wissenschaft braucht darum vor allem Ruhe, Geduld, Zeit, Entspanntheit – bei gleichzeitig größtmöglicher Konzentration. Theorien, die zu formulieren als höchstes Ziel ihrer Welterklärung gilt, »sind gewöhnlich Übereilungen eines ungeduldigen Verstandes, der die Phänomene gern los sein möchte und an ihre Stelle deswegen Bilder, Begriffe, ja oft nur Worte einschiebt«. Ein Blick in die heutige Fachliteratur gleich welcher Disziplin genügt, um sich eine Vorstellung von der enormen Theorieproduktion zu verschaffen, die die zeitgenössische Wissenschaft auszeichnet – und, wenn wir einige Jahrgänge zurückblättern, wie schnell diese Theorien verwelkt, aus der Mode gekommen sind, weil sie Wortproduktionen waren und die jeweilige Sache, die »Phänomene« wegzudefinieren versuchten, statt ihnen auf den Grund zu gehen: »Übereilungen eines ungeduldigen Verstandes.«

Aber natürlich ist es keine Frage, daß bloßes Hinschauen, daß das bloße geduldige Sammeln von empirischen Daten, von Informationen, von »Erfahrungen«, wie es bei Goethe dazu heißt, daß das diesem Wissenschaftsverständnis so fern liegt wie nur irgend etwas. Wer nichts weiß, der sieht auch nichts. »Ist es doch eine höchst wunderliche Forderung«, so heißt es, ehe Goethe zu der früher zitierten Wissenschafts-Charakteristik von Bewußtsein, Selbstkenntnis, Freiheit und Ironie kommt, »die wohl manchmal gemacht, aber auch selbst von denen, die sie machen, nicht erfüllt wird: Erfahrungen solle man ohne irgend ein theoretisches Band vortragen und dem Leser, dem Schüler überlassen, sich selbst nach Belieben irgend eine Überzeugung zu bilden. Denn das bloße

Anblicken einer Sache kann uns nicht fördern. Jedes Ansehen geht über in ein Betrachten, jedes Betrachten in ein Sinnen, jedes Sinnen in ein Verknüpfen, und so kann man sagen, daß wir schon bei jedem aufmerksamen Blick in die Welt theoretisieren.«

Der theoretisierende Blick, den Goethe auszubilden uns auffordert, ist einer, der die Erkenntnisgegenstände zunächst einmal zergliedert, sie in ihre Bestandteile zerlegt, die Details betrachtet – ehe er sie dann wieder zusammensetzt, miteinander verknüpft, ihre Einheit aus der Vielheit rekonstruiert. Jede auch nur kursorische Lektüre der enorm detaillierten Studien zur Pflanzen- oder Knochenkunde, zu Wolkenbildern oder der Geologie wird das auf das eindrucksvollste bestätigen. Die Pflanze, der Baum, das Tier, das Gestein – sie sind Teile eines größeren Ganzen so gut wie ein vielfach zusammengesetztes Ganzes in sich. »Das Allgemeine und Besondere fallen zusammen: das Besondere ist das Allgemeine, unter verschiedenen Bedingungen erscheinend.« Und dasselbe gilt für die Beobachtung und wissenschaftliche Erkenntnis des Sozialen, des Politischen – es geht um eine Methode des analytischen Sehens, dem der je einzelne Fall dann zum Paradigma des Allgemeinen, des Ganzen in seiner inneren Gesetzmäßigkeit werden kann, sofern wir ihn eben nicht ungeduldig-vorschnell in einer Theorie zum Verschwinden gebracht haben. Es wird fast durchweg übersehen (und stellt eine der Rechtfertigungen, ja Motivationen für diese Textauswahl dar), daß Goethe ganz explizit die Anwendbarkeit der naturwissenschaftlich praktizierten Erkenntnismethode auf die Welt des Historischen, auf den Menschen als Gesellschaftswesen und ›zoon politikon‹ behauptet: »Um mich zu retten, betrachte ich alle Erscheinungen als unabhängig voneinander und suche sie gewaltsam zu isolieren; dann betrachte ich sie als Korrelate, und sie verbinden sich zu einem entschiedenen Leben. Das bezieh' ich vorzüglich auf Natur; aber auch in Bezug auf die neueste, um uns her bewegte Weltgeschichte ist diese Betrachtungsweise fruchtbar.« Und im Kontext der Studien zur Morphologie heißt es in einer Skizze über *Genetische Behandlung*: »Beispiel einer Stadt als Menschenwerks. Beispiel der Metamorphose der Insekten als Naturwerks. Lehre von der Metamorphose der Pflanzen in ihrer ganzen Bedeutung.«

In einem unveröffentlicht gebliebenen Vorwort zum dritten Teil von *Dichtung und Wahrheit* spricht der Verfasser von dem ursprünglichen Vorhaben, seine biographische Entwicklung »nach jenen Gesetzen zu bilden, wovon uns die Metamorphose der Pflanzen belehrt. In dem ersten (Band) sollte das Kind nach allen Seiten zarte Wurzeln treiben und nur wenig Keimblätter entwickeln. Im zweiten der Knabe mit lebhafterem Grün stufenweis mannigfaltiger gebildete Zweige treiben, und dieser belebte Stengel sollte nun im dritten Beete ähren- und rispenweis zur Blüte hineilen und den hoffnungsvollen Jüngling darstellen.«*

Es gibt leider nur wenige Arbeiten, in denen Goethe seine Methode der genauen Beobachtung des Einzelnen, wo die Darstellung zum Gleichnis für das Allgemeine, die Idee des Ganzen wird, auf Gesellschaftliches anwendet. Genaugenommen ist das wohl nur bei einer Arbeit der Fall, dem *Römischen Karneval.* Dieser Aufsatz wird von ihm allerdings als methodisch exemplarisch für die Behandlung der dritten jener »drei Weltgegenden« – Kunst, Natur und Gesellschaft – angeführt, zu deren wissen-

---

* Warum Goethe das dann in dieser Form nicht tat, er *Dichtung und Wahrheit* vielmehr »eine Ausgeburt mehr der Notwendigkeit als der Wahl« bezeichnete, das mögen – sofern nicht schon geschehen – die Goetheforscher klären.

schaftlicher Erschließung seine Morphologie einen methodologischen Schlüssel bereitstellen sollte. In den *Schriften zur Morphologie (Schicksal der Handschrift)* nannte er den Aufsatz über *Manier und Stil* als beispielhaft für die Kunstbetrachtung, die *Metamorphose der Pflanzen* entsprechend für die Naturanschauung, und eben das *Römische Karneval* als Gleichnis für Gesellschaftspolitisches – das Verhalten des Volkes zwischen Gesetz und Willkür (am Vorabend der Französischen Revolution!): »Das dritte, was mich beschäftigte, waren die Sitten der Völker. An ihnen zu lernen, wie aus dem Zusammentreffen von Notwendigkeit und Willkür, von Antrieb und Wollen, von Bewegung und Widerstand ein Drittes hervorgeht, was weder Kunst noch Natur, sondern beides zugleich ist, notwendig und zufällig, absichtlich und blind. Ich verstehe die menschliche Gesellschaft.« Wie gesagt: diese Erläuterungen zu dem oft nur als Kapitel aus der *Italienischen Reise* gelesenen Stück finden sich im Kontext der naturwissenschaftlichen Schriften und deuten damit nur noch einmal mehr auf die letztliche Einheit des (natur-)wissenschaftlichen Werkes mit dem Gesamtwerk hin.

Wichtiger jedoch wären an dieser Stelle Reflexionen darüber, wie denn z. B. sozialwissenschaftliche Untersuchungen aussähen, die sich am Vorbild des *Römischen Karnevals* methodisch orientierten und damit die früher emphatisch formulierte Behauptung konkretisierten, Goethes wissenschaftliche Welt-Darstellung bedeute methodologisch eine Umkehr, einen Neubeginn, eine veränderte Sichtweise mit anderer Tiefenschärfe, die die Wahrheit im Sichtbaren, in der Welt der Erscheinungen selbst aufzuzeigen vermag. Statt generalisierender Strukturanalysen von Herrschaft beispielsweise könnte das in der genauen Beobachtung des Verhaltens der Akteure der politischen Klasse bestehen, in der Beschreibung der Art und Weise, wie sie sich verbal und körpersprachlich artikulieren (das Fernsehen bietet dazu heute ja die besten Voraussetzungen): ein phänomenologisches Verfahren also, das, sofern es mit der geforderten Geduld angewandt wird, das Besondere zum Paradigma des Allgemeinen zu erheben in der Lage wäre. Eine so verfahrende Wissenschaft tritt – im Unterschied zu strukturanalytischen Systemkonstruktionen – nicht mit dem Anspruch auf, die Wirklichkeit ›auf den Begriff gebracht‹ zu haben; sie ist bescheidener und unbescheidener zugleich: »Das Wahre, mit dem Göttlichen identisch, läßt sich niemals von uns direkt erkennen, wir schauen es nur im Abglanz, im Beispiel, Symbol, in einzelnen und verwandten Erscheinungen«, heißt es einleitend zu einem neuen, von Goethe damit vorgestellten Wissenschaftsbereich. »Dies gilt von allen Phänomenen der faßlichen Welt, wir aber wollen diesmal nur von der schwer zu fassenden Witterungslehre sprechen.« Sozialwissenschaftliche Untersuchungen, die sich an Goethes Methode orientieren wollen, könnten sich aber auch z. B. seine Darstellung des Phänomens »Krieg« zum Vorbild nehmen – in diesem Falle die *Campagne in Frankreich*. Die Handelnden der großen Politik (Goethe kannte sie fast alle persönlich) erscheinen da nur als Schemen am Horizont, während das, was den Krieg wirklich ausmacht – er ist Instrument der Politik, vernichtet Menschenleben im Verfolg von Herrschaftsinteressen, führt zur psychisch-sittlichen Verrohung, zerstört unwiederbringliche materielle und kulturelle Werte –, das wird in seiner symbolischen Wahrheit mitgeteilt in der Form genau beobachteter und geschilderter Erlebnisse, von mikrokosmischen Episoden.

Von den Sozialwissenschaften wäre die Fruchtbarkeit goethe'scher Methoden ganz neu zu entdecken und dann, was heute schwer vorstellbar scheint, auch disziplinär zu legitimieren. Goethe lädt uns immerhin dazu ein: »Wenn wir das, was wir wissen, nach anderer Methode oder wohl gar in fremder Sprache dargelegt finden, so erhält es einen sonderbaren Reiz der Neuheit und frischen Ansehens.« Aber abgesehen davon, daß eine solche Sicht- und Darstellungsweise einen radikalen Paradigmenwechsel bedeutete, würde es zugleich an uns Wissenschaftler neuartige Anforderungen stellen und von uns ungewohnte Anstrengungen erfordern; polemisch formuliert: aus zehn akademischen Publikationen das elfte Buch zusammenzuschreiben, dazu braucht es nicht viel, und zum Erlernen der fachlichen Begriffssprache heutiger Wissenschaft genügen einem jungen Menschen mit rascher Auffassungsgabe und praktischer Intelligenz einige wenige Studiensemester. Die Phänomene selbst aber zu studieren, sie auf sich wirken zu lassen, ihnen ihre Wahrheit abzulauschen, sie selbst zum Sprechen zu bringen, dazu bedarf es ganz anderer Fähigkeiten und Haltungen.*

Ob Goethe unter Sozialwissenschaftlern oder gar Politologen ›mehr Schule‹ gemacht hätte, wenn er z. B. seine Überlegungen zur symbolischen Darstellung der ökonomisch-politischen Verhältnisse seiner Frankfurter Häuslichkeiten (Brief an Schiller vom 16. August 1797) ausgeführt hätte, muß natürlich offenbleiben – aber wir müssen es bezweifeln. Denn was eine solche, das Allgemeine im empirisch Besonderen erkennende und sichtbar machende Darstellung bedeutet, davon gibt Schillers

* Unter den bekannteren zeitgenössischen Gesellschaftswissenschaftlern scheint mir Michel Foucault, dessen Untersuchungen und Reflexionen zur ›Mikrophysik der Macht‹ sich allen voreiligen Theoriebildungen und Systematisierungen versagen, mit seiner Beobachtungsweise den Vorstellungen Goethes sehr verwandt – auch er nicht zufällig ein Außenseiter der Zunft.

Antwort (vom 7. September 1797) einen geradezu einschüchternden Eindruck. Andererseits ist bei der heutigen Titelgebung so vieler sozialwissenschaftlich-historischer Studien der geheime – man möchte sagen: unbewußte – Wunsch zu spüren, in eben jene Richtung zu gehen: mit schöner Regelmäßigkeit werden da detaillierte Fallstudien, empirische Untersuchungen begrenzter Vorgänge unter hoch bedeutend klingenden Titeln angeboten, deren in Wahrheit bescheidener Gegenstand dann oft nur am kleingedruckten Untertitel erkennbar ist. Will sagen: das Unbehagen an der bloßen Empirie ist überall deutlich zu spüren – nur daraus auszubrechen, die »Welt«, wie Schiller Goethes Überlegungen formulierte, »in das einzelne« zu legen, damit »die flachen Erscheinungen eine unendliche Tiefe« gewinnen, das ist die schwere Kunst, ist die anzustrebende »Poesie« der Wissenschaft.

Es ist kein Zufall und zugleich weder biographisch noch psychologisch zu erklären (obgleich es natürlich solche Erklärungen gibt), daß Goethe statt etwa sozialwissenschaftlich oder »politologisch« zu forschen, seine enormen wissenschaftlichen Energien, seine Beobachtungsgabe, das Ordnen und das Schematisieren des Beobachteten, sein ständiges Bemühen, *in* der Welt der Erscheinungen selbst und nicht »hinter« ihr das Wesen, die Idee zu erkennen, das »anschauende Denken« in sich auszubilden, »Typen« auszuarbeiten und diese vor- und darstellbar zu machen, daß all das die Natur zum Gegenstand hatte, die belebte so gut wie die unbelebte, die Pflanzen- und die Tierwelt, die unveränderlichste, härteste Materie – die der Gesteine – so gut wie das Ephemerste, das Vergänglichste überhaupt, die Wolken. Es war, nach landläufigen Kriterien, in seiner Biographie nicht angelegt, daß der Erfolgsschriftsteller und populäre junge Dichter, dessen Brotberuf eine Anwaltskanzlei sein sollte, nur wenige Jahre nach seinem Eintritt in die weimarischen Staatsdienste begann, die Flora und Fauna, die Knochenbildungen von Mensch und Tier und die geologischen Schichten der Gebirge zu entdecken, sie systematisch zu beobachten und seine Umgebung gleichfalls dazu anzuhalten und dafür auch zu begeistern – um schließlich neben, wenn nicht gar statt der von ihm erwarteten literarischen Publikationen die hier gemachten Beobachtungen mitzuteilen und zu veröffentlichen, zum völligen Unverständnis fast aller Zeitgenossen und der durch »Werther« und »Götz« gebildeten großen Lesergemeinde. Bis ans Ende seines langen Lebens blieb er der Wissenschaft als Naturbeobachtung treu* und bekanntlich hat er seine Farbenlehre für bedeutender gehalten als alle seine poetischen Werke. Nicht in der Biographie angelegt – und doch kein Zufall: In zwei Thesen seien die Gründe dafür kurz zu benennen versucht, die nichts zu tun haben mit der Singularität der Figur Goethes, vielmehr mit der – inzwischen noch gestiegenen – Aktualität der von ihm erkannten Problematik.

Zum einen geht es um das Verhältnis des Menschen zur übrigen Natur, darum, was ihn/uns von dieser Natur trennt, was uns mit ihr verbindet, wodurch wir als Lebewesen uns von anderen Lebewesen unterscheiden, was wir mit ihnen gemeinsam haben. Die enormen Energien, die Goethe darauf verwandte, den berühmten »Zwischenkieferknochen« beim Menschen zu entdecken – und das Hochgefühl, das er empfand, als ihm das gelungen war –, werden nur verständlich einerseits aus seiner Grundüberzeugung, daß wir biologisch ein fester Be-

* Buchstäblich: die letzte zur Publikation fertiggestellte Arbeit handelt vom Pariser »Akademiestreit« und erschien im Todesmonat März in den »Berliner Jahrbüchern für wissenschaftliche Kritik«.

standteil des ›Tierreiches‹ sind und keine ›Sonderschöpfung‹ darstellen, und andererseits, daß es ihm von größter Wichtigkeit war, daß wir uns dieser Tatsache bewußt würden und uns der Natur gegenüber entsprechend verhielten. Der Mensch ist nicht die Krönung, der letzte und höchste Zweck der Schöpfung, auf den hin die Erd-, Vegetations- und die Geschichte der Lebewesen angelegt ist – woraus nämlich folgen würde und auch in unserer gesamten ökonomischen Praxis gefolgert wird, daß diese Erde und alles, was sie ist und hervorbringt, zur freien Disposition des Menschen stehen –, sondern er ist, wir sind nur die komplexeste, höchstentwickelte Erscheinungsform alles Lebendigen. Explizit hat Goethe diese fundamentale Einsicht nur an einer Stelle formuliert und sie in einem Brief an Zelter (22. Juni 1808) »versteckt«, wo es heißt: »Der Mensch ... ist der größte und genaueste physikalische Apparat, den es geben kann.« Aber als ein solcher integraler Bestandteil der Natur, als ihre sensibelste Schöpfung, trägt er für sie auch eine große Verantwortung, unterliegt seine Existenz nicht nur natürlichen Bedingungen, sondern verpflichtet ihn auch zu einer Ethik des Natur-Handelns. Dieses ›beginnt‹ in und mit der Wissenschaft, die darum nie reine, zweckfreie, grenzenlose Forschungstätigkeit sein kann: »In der Naturforschung bedarf es eines kategorischen Imperativs so gut als im Sittlichen.« Darum liegt in der Kenntnis der Natur und ihrer Bewegungsgesetze, ihrer Gestalten und ihrer Geschichte der Schlüssel zu unserem Selbstverständnis, zu unserer Gestalt, zu unserer Geschichte – und umgekehrt. Die Polarität, die Goethe als Grundgesetz der Natur und alles Lebendigen erkannte, die komplementäre Entzweiung und Vereinigung alles Werdenden, das Ein- und Ausatmen, Dunkel und Licht, Männliches und Weibliches – das ist nicht zu verwechseln mit einer diesem Welt- und Menschenverständnis fremden, widersprechenden ›Dialektik von Natur und Gesellschaft‹. Mit einer goetheschen Naturwissenschaft und Technik sind darum auch jeder Herrschaftsgestus und jede Unterwerfungs- und Kontrollstrategie gegenüber der Natur schon darum unvereinbar, weil die Herrschaft über die Natur letztlich auf den Menschen zurückschlägt, indem er sich selbst unterwirft und damit sich seiner eigenen Freiheit beraubt. Faust erblindet, als er die absolute Macht über die Menschen erreicht hat, und es wird ihm das Grab geschaufelt, als er sich das letzte Stück freier Natur zu unterwerfen im Begriffe ist. »Wenn der Naturforscher sein Recht einer freien Beschauung und Betrachtung behaupten will, so mache er sich zur Pflicht, die Rechte der Natur zu sichern; nur da, wo sie frei ist, wird er frei sein, da, wo man sie mit Menschensatzungen bindet, wird auch er gefesselt werden.«

»Natur« – das ist nach wie vor das große, vielleicht das größte Thema, dem wir uns zu stellen haben und das sich in der Form neuzeitlicher Umweltzerstörungen inzwischen auch als Überlebensfrage stellt. Goethe sprach von den »Rechten der Natur«, und seiner Rede entsprach eine heute als antiquiert und vor- bzw. unwissenschaftlich geltende Praxis und Methode. Auch die heutige Ökologie als »Umwelttechnologie«, wie auch immer gut gemeint, hat methodisch mit seinem Freiheitspostulat nichts zu tun, denn sie bewegt sich strukturell unverändert in den Bahnen jener Wissenschaft, die Goethe in der Farbenlehre Newtons so erbittert und erfolglos bekämpfte.

Der zweite Grund für Goethes Naturbeschäftigung ist historisch-ideologischer Natur. In der Naturbeobachtung sah er zugleich nämlich die Chance der Wiedergewinnung von Vernunftgründen in einer verwirrten und verwirrenden Welt durch die Anschauung von Verhältnissen, in denen Gesetz und Notwendigkeit mit kreativer Vielfalt in der Produktion und Reproduktion von Leben und Entwicklung gleichzeitig am Werke sind. Es war die – im Vergleich mit den gesellschaftlichen Verhältnissen – größere Mannigfaltigkeit der Formen und Variationen, mit der die Natur ihre Zwecke erreicht, die Goethe faszinierte und die er uns zugleich als eine Schule des Sehens, der Ausbildung unserer Sinne und unseres Wahrnehmungsvermögens gewissermaßen ›empfiehlt‹. »Eines der größten Rechte und Befugnisse der Natur ist, dieselben Zwecke durch verschiedene Mittel erreichen zu können, dieselben Erscheinungen durch mancherlei Bezüge zu veranlassen.« In seinem Kriegsbuch, der *Campagne in Frankreich*, berichtet er, wie ihn Naturbeobachtungen während der deprimierenden und unsinnigen Kampfhandlungen als Gegengewicht oder ›Gegenprogramm‹ zur pathologischen Welt dieser Politik beschäftigten. Der eigentliche Zweck Goethescher Naturbeobachtung ist darum nicht identisch mit dem des Daten sammelnden und an deren nutzbringender (technologischer) Verwertung orientierten modernen Naturwissenschaftlers. Obwohl ein möglicher Nutzen der Naturbeobachtung seinen Intentionen keinesfalls widerstrebte, war doch solches geradezu der Ausgangspunkt der Naturbegegnung des jungen Ministers mit dem Bergbau und der Forstwirtschaft gewesen, geht es bei dieser Methode des Beobachtens, Sammelns, Ordnens, Vergleichens und Typisierens letztlich um eine Selbsterziehung des Beobachters, um Erkenntnisarbeit an sich selbst, an uns selbst. »Jeder Gegenstand, recht betrachtet, schließt ein neues Organ in uns auf.« Naturkenntnis, Natur-Erkenntnis vermitteln aus dieser Perspektive und Einstellung zugleich eine Ethik, deren gesellschaftlich-politische Konsequenzen für das Gemeinwesen zwar nicht unmittelbar, wohl aber

– so steht zu hoffen – langfristig und vermittelt zu Buche schlagen werden. Die tradierten Weltbilder und Wertesysteme – christliche Religion und die Antike vor allem – haben ihre prägende Kraft eingebüßt: die Natur wird das neue, solidere Bildungsfundament abgeben. »Schon fast seit einem Jahrhundert wirken Humaniora nicht mehr auf das Gemüt dessen der sie treibt,« schreibt er 1808 an den Freund Knebel, »und es ist ein rechtes Glück, daß die Natur dazwischen getreten ist, das Interesse an sich gezogen und uns von ihrer Seite den Weg zur Humanität geöffnet hat.« In diesem Sinne ist darum Bildung die vielleicht schönste Folge wissenschaftlicher Welt-Anschauung dieser Art – wenngleich die Rückschläge nicht zu übersehen sind: »Welche unendliche Operationen Natur und Kunst machen müssen, bis ein gebildeter Mensch dasteht, wer selbst so viel als möglich an der Bildung seiner Mitbürger teilnimmt, der möchte verzweifeln, wenn er sieht, wie freventlich sich oft der Mensch zerstört und so oft in den Fall kommt, mit oder ohne Schuld zerstört zu werden.« Aber das kann und darf doch den einzelnen nicht davon abhalten, diesen Weg zu gehen und sich selbst zu bilden, mag es um die Welt auch im Moment noch so schlecht bestellt sein.

Bekanntlich – und auch das gehört zum Komplex seiner wissenschaftlichen Methoden – war Goethe ein erklärter Gegner aller Apparate, die zwischen den Beobachter und den Gegenstand seines Interesses geschoben werden, weil der Preis für ein Mehr an Sichtbarem (z. B. durch das Mikroskop) die Herauslösung des Beobachteten aus dem lebendigen Zusammenhang bedeute. Darin besteht nämlich in letzter Instanz der Beginn eines wissenschaftlichen Spezialistentums, wo beispielsweise der jeweilige Organexperte unter den Medizinern den ganzen Menschen nur noch sub specie entweder seines Herzens oder der Niere oder des Magens sieht. »Es ist nichts dagegen zu sagen,« heißt es in der *Farbenlehre*, »daß man durch mechanische Vorrichtung sich in den Stand setze, gewisse Phänomene bequemer und auffallender nach Willen und Belieben vorzuzeigen; eigentliche Belehrung aber befördern sie nicht, ja, es giebt unnütze und schädliche Apparate, wodurch die Naturanschauung ganz verfinstert wird, worunter auch diejenigen gehören, welche das Phänomen teilweise oder außer Zusammenhang vorstellen.« Auch in der Astronomie hat er eben deswegen bewußt nicht weiter vordringen wollen, als es ihm mit den schlichten technischen Möglichkeiten der Weimarer Sternwarte möglich war. (Die instinktive Ablehnung von fast jeder Art von Gläsern ging bis hin zu einer grillenhaften Abneigung gegen alle Brillenträger, weil man ihnen nicht direkt in die Augen schauen könne ...) Das hat zweifellos etwas Skurriles an sich und ist zunächst schwer nachzuvollziehen. Und doch verbirgt sich darin ein ernstzunehmender Kern von Wahrheit oder doch wenigstens ein ganz zentrales Problem: die Deformation nämlich des Wahrnehmungshorizontes durch den Apparat und die durch ihn gleichzeitig produzierten wissenschaftlichen Herrschafts- und Allmachtsphantasien. Goethe durchschaute »die trügerische Hoffnung (der Physiker), daß es durch weitere Verfeinerung der Beobachtungsmethoden schließlich gelingen könnte, die ganze Welt kennenzulernen« (Heisenberg), und setzte dagegen seine eigene Methodologie, die die Idee eines zusammenhängenden organischen – göttlichen – Ganzen mitdenkt und als Forschungspraxis realisiert. »Schon jetzt erklären die Meister der Naturwissenschaften die Notwendigkeit monographischer Behandlung und also das Interesse an Einzelheiten. Dies ist aber nicht denkbar ohne eine Methode, die das Interesse an der Gesamtheit offenbart. Hat man das erlangt, so braucht man freilich nicht in Millionen Einzelheiten umherzutasten.«

Dem nun entspricht ein weiteres Charakteristikum Goetheschen Wissenschaftsverständnisses: daß es sich nämlich hierbei um eine Stufe der Welterkenntnis handele, die jedermann – und jede Frau – im Prinzip erklimmen könne, nicht aber um eine streng zu wahrende Berufskategorie. Im Schlußwort zur *Farbenlehre* heißt es dazu: »Die Wissenschaften ruhen weit mehr auf der Erfahrung als die Kunst, und zum Erfahren ist mancher geschickt ... Es ist daher niemand, der nicht seinen Beitrag den Wissenschaften anbieten dürfte ... Alle Naturen, die mit einer glücklichen Sinnlichkeit begabt sind, Frauen und Kinder, sind fähig, uns lebhafte und wohlgefaßte Bemerkungen mitzuteilen.« Die »glückliche Sinnlichkeit« ist eben keine beruflich erworbene Qualität, im Gegenteil: Wissenschaft beruflich betrieben, kann geradezu jene »glückliche Sinnlichkeit« verdorren und zur Routine erstarren lassen, so wie allerdings umgekehrt auch nicht alles, was Liebhaber unter Wissenschaft verstehen, auch schon diesem hohen Anspruch gerecht werden wird: »Dilettantismus, ernstlich behandelt, und Wissenschaft mechanisch betrieben, werden Pedanterei.« Goethe weiß natürlich, daß er von sich selbst spricht, wenn er in jenem Schlußwort zur *Farbenlehre* fortfährt: »In der Wissenschaft kann also nicht verlangt werden, daß derjenige, der etwas für sie zu leisten gedenkt, ihr das ganze Leben widme, sie ganz überschaue und umgehe, welches überhaupt auch für den Eingeweihten eine hohe Forderung ist. Durchsucht man jedoch die Geschichte der Wissenschaften überhaupt ... so findet man, daß manches Vorzüglichere von Einzelnen in einzelnen Fächern, sehr oft von Laien geleistet worden.« Und dann folgt dieses ›ptolemäische‹ Credo: »Wohin irgend die Neigung, Zufall oder Gelegenheit den Menschen führt, welche Phänomene besonders ihm auffallen, ihm einen Anteil abgewinnen, ihn festhalten, ihn beschäftigen, immer wird es zum Vorteil der Wissenschaft sein. Denn jedes neue Verhältnis, das an den Tag kommt, jede neue Behandlungsart, selbst das Unzulängliche, selbst der Irrtum ist brauchbar oder aufregend und für die Folge nicht verloren.«

Damit, mit einer solchen Wissenschaft, mit solchen Methoden lassen sich natürlich keine Weltraumforschung und keine Molekularbiologie betreiben, keine Krebsforschung und keine Grundlagenchemie, aber auch keine quantitative Sozialforschung und keine moderne Wirtschaftswissenschaft. Im verbeamteten, in Instituten hierarchisch organisierten und mit staatlichen Forschungsgeldern ausgestatteten modernen Wissenschaftsbetrieb ist selbstredend für Nicht-Professionelle an ›Sitz und Stimme‹ nicht zu denken – und eine hierarchisch produzierte Forschung bringt notwendigerweise wiederum hierarchisches Herrschaftswissen hervor, wie es im Aufsatz über den *Versuch als Vermittler von Objekt und Subjekt* angedeutet wird, »daß wirklich nunmehr das Ganze nicht mehr einer freiwirkenden Republik, sondern einem despotischen Hofe ähnlich wird«. Eine nicht nur ›republikanisch organisierte‹, sondern auch ›republikanisch fragende‹ Wissenschaft, die vor allem die menschliche Neugier befriedigt und nicht vorgegebene herrschaftliche, ökonomische oder technologische Erkenntnisinteressen bedient, die setzt in der Tat die Figur des Laien im goetheschen Sinne, d. h. die Beteiligung und Mitsprachemöglichkeit jedes ernsthaft und systematisch an Erkenntnisarbeit Interessierten voraus. In dem Maße, in dem heutige Wissenschaft nahezu vollständig von der Bereitstellung immer größerer, in verschiedenen Bereichen geradezu astronomischer Ausstattungen und Finanzmittel (man denke nur an das in seiner besonderen Absurdität paradigmatische amerikanische SDI-Projekt der 80er Jahre und die gegenwärtige Weltraumforschung) abhängig geworden ist, entschwindet aus ihr der Republikanismus der freien und untereinander gleichberechtigten Erkenntnissubjekte. Geforscht wird – und zwar mit eben den von Goethe mißtrauisch abgelehnten »Apparaten« – über das, was die Industrie oder das Militär oder auch der ökonomische Konkurrenzdruck diktieren, nicht aber darüber, was die Menschen als Menschen betrifft und sie sittlich zu bilden angetan wäre.

Goethes wissenschaftliche Methoden reflektieren immer auch die Rückwirkungen auf den Beobachtenden, den Menschen mit, der Subjekt und Objekt des Erkenntnisprozesses gleichermaßen ist. Mittel und Zwecke bilden eine Einheit, und an dem, was Wissenschaft für die höhere sittliche Bildung des Menschengeschlechts bewirke, daran beweist sie sich, und vor dieser muß sie sich legitimieren. Es sind allzumal sanfte Wirkungen, die Goethe beachtet sehen möchte bei diesem Geschäfte – Wirkungen, die von uns ausgehen und die auf uns zurückwirken:

»Die Wirksamkeiten, auf die wir achten müssen, wenn wir wahrhaft gefördert sein wollen, sind:

vorbereitende,
begleitende,
mitwirkende,
nachhelfende,
fördernde,
verstärkende,
hindernde,
nachwirkende.«